AF640469

Lehrbuch

der

mathematischen Geographie

von

Friedrich Kries,

Professor am Gymnasium zu Gotha, mehrerer gelehrten Gesellschaften Mitgliede.

Zweite, sorgfältig durchgesehene und verbesserte Auflage.

Mit sieben Kupfertafeln.

Leipzig,

bei Georg Joachim Göschen 1827.

Herrn

Hofrath und Ober-Bibliothekar

J a k o b s

in Gotha

aus inniger Liebe und Hochachtung

gewidmet.

Als ich Ihnen, mein theurer Freund, dieses Buch vor dreizehn Jahren zum erstenmal zueignete, schwebten mir die frohen Tage, die ich vormals mit Ihnen und durch Sie verlebt hatte, vor Augen. Damals lag jene Zeit noch nicht so fern, daß sie sich, bei dem Rückblick auf die Vergangenheit, nicht leicht vergegenwärtigt hätte. Viele von den Personen, an welche sie uns erinnerte, zum Theil dem engern Kreise unsers freundschaftlichen Bündnisses angehörig, waren noch in unserer Mitte. Wie vieles hat sich seitdem geändert! Wie manche jener Theuern sind nicht mehr da! Jetzt wird es passender, den Blick dahin zu wenden, wohin jene vorausgegangen sind. Ich habe hierbei nur den Wunsch, daß ich so glücklich seyn möchte, den Freund, der mir bei meinem ersten Eintritt in diese Stadt, die mir schon lange als eine zweite Vaterstadt theuer geworden ist, so wohlwollend entgegen kam, und seine Liebe und Freundschaft bis diesen Augenblick unverändert bewahrt hat, auch auf dem letzten Theile meiner Laufbahn als einen treuen Führer und theilnehmenden Begleiter an meiner Seite zu behalten.

Gotha im März 1827.

Fr. Kries.

Vorrede
zur zweiten Auflage.

Das gegenwärtige Lehrbuch hat bei seinem ersten Erscheinen, im Jahr 1814, sich keiner ungünstigen Aufnahme zu erfreuen gehabt. Man hat sowohl den Plan, als die Ausführung desselben gebilligt. Gleichwohl hat es keinen schnellen Absatz gefunden. Hiervon hat vielleicht ein Hauptgrund in einer Eigenschaft desselben gelegen, die der Verfasser ihm gern als einen Vorzug anrechnen möchte, nämlich, in der genauern mathematischen Behandlungsart der Gegenstände. Dadurch war es für diejenigen, deren mathematische Vorkenntnisse nicht über den pythagoräischen Lehrsatz hinausgehen, zu schwer. Denn wenn gleich der Verfasser sich des Gebrauchs der höhern Mathematik oder der Analysis des Unendlichen enthalten, und sich bemüht hat, die mathematischen Erörterungen deutlich aus einander zu setzen, so hat er doch einige Kenntniß der Trigonometrie und einige Uebung in trigonometrischen Rechnungen, und selbst einige Bekanntschaft mit den Kegelschnitten voraussetzen müssen.

Es scheint aber, daß das Studium der Mathematik in der neuesten Zeit, vornehmlich durch die verbesserte Einrichtung der Schulen, unter uns mehr verbreitet und gehoben worden ist, und daß daher die Kenntnisse, welche zum Studium der mathematischen Geographie erforderlich sind, jetzt nicht mehr so selten angetroffen werden, als ehedem. Ist dieses, so darf es uns nicht gereuen, bei einem Lehrbuche eines mathematischen Gegenstandes mehr dahin gearbeitet zu haben, durch höhere Anforderungen ein gründlicheres Studium zu befördern, als durch Beschränkung auf die untersten

Elementar-Kenntnisse der Bequemlichkeit und Seichtigkeit einen Vorschub zu thun.

Der Verfasser ist daher auch bei dieser neuen Auflage seinem frühern Plane treu geblieben. Weder in der Anordnung, noch in der Behandlung der Materien ist eine wesentliche Veränderung gemacht worden. Dagegen hat er sich bemüht, die ihm bekannt gewordenen Mängel im Einzelnen zu verbessern und das Fehlende zu ergänzen. In dieser Absicht hat er die Bemerkungen anderer gewissenhaft benutzt, und namentlich die Erinnerungen des Rezensenten in den Götting. gel. Anz. (1814. 95. St.) beachtet, dem er sich besonders dafür verpflichtet fühlt. Der achte und zehnte Abschnitt haben die meisten Zusätze erhalten. Der letztere enthielt in der vorigen Auflage nur eine Anleitung zur Auflösung mathematisch-geographischer Aufgaben vermittelst des Globus; dießmal ist bei mehrern Aufgaben auch die mathematische Auflösung durch Rechnung hinzugekommen; doch gestatteten die Grenzen dieses Lehrbuches hierin keine große Ausführlichkeit. Daher ist bei der Aufgabe über die Dauer der Dämmerung — die durch Hülfe des Globus leicht aufgelöst werden kann und deßhalb hier einen Platz gefunden hat, ob sie gleich mehr in die physische, als in die mathematische Geographie gehört — die Frage von der Zeit der kürzesten Dämmerung nicht berührt worden. Eben so hat die Aufgabe den Flächeninhalt eines Landes zu finden, hier nur kurz und im Allgemeinen aufgelöst werden können.

Auch in den Kupfertafeln sind einige Veränderungen gemacht, und einige neue Figuren eingeschaltet worden.

Mit Recht kann daher diese neue Auflage eine verbesserte genannt werden.

Gotha im März 1827.

Fr. Kries.

Inhalts-Anzeige.

Einleitung.

1. Die Betrachtung des Erdkörpers hat für den Menschen, der im Stande ist, sich mit seinem Geiste über seine nächsten Umgebungen zu erheben, etwas sehr anziehendes und belehrendes. Denn die Erde bietet uns, im Ganzen wie im Einzelnen, einen unerschöpflichen Stoff der Untersuchung dar, und da sie der Schauplatz ist, auf welchen die Natur uns gestellt hat, so muß die Kenntniß desselben ein desto größeres Interesse für uns haben. Auch die Theilnahme an dem Schicksale des übrigen Menschengeschlechts fordert uns auf, uns mit seinen Wohnungen, seiner Lage und seinen Verhältnissen bekannt zu machen — wodurch zugleich der Weg zu einer nähern Verbindung mit demselben geöffnet wird. Und wir erheben uns über die übrigen Geschöpfe des Erdbodens und machen uns gleichsam zu Herren desselben, indem wir seine Beschaffenheit und Größe mit unsern Gedanken umfassen.

2. Bei einem so vielseitigen Gegenstande der Betrachtung aber lassen sich verschiedene Gesichtspunkte auffassen, und der allzu mannigfaltige und ungleichartige Stoff kann in mehrere Theile von weniger verschiedenem Inhalt getheilt werden. Man kann entweder auf dasjenige sehen, was unsere Erde als Weltkörper betrachtet auszeichnet; oder die eigenthümliche Beschaffenheit ihrer Oberfläche und ihrer Erzeugnisse untersuchen; oder die zufällige Eintheilung der Länder und die Verhältnisse ihrer Bewohner betrachten. Diese verschiedenen Theile machen den Gegenstand der mathematischen, der physischen und der politischen Geographie oder Erdbeschreibung aus.

Die mathematische und physische Geographie werden auch unter dem gemeinschaftlichen Namen der allgemeinen Geographie begriffen.

3. Wenn man die Erde als Weltkörper betrachten will, so hat man nur auf diejenigen Erscheinungen bei ihr zu sehen, die unabhängig von ihrer physischen Beschaffenheit sind und bei jedem andern Weltkörper an ihrer Stelle auf ähnliche Art statt haben würden. Von dieser Art ist die Gestalt und Größe derselben, und was darauf Bezug hat; ihre Lage gegen die übrigen Weltkörper und vornämlich gegen die Sonne; die Art und die Geschwin-

digkeit ihrer Bewegung, und die Erscheinungen, die hieraus auf ihrer Oberfläche entspringen. Solche Gegenstände aber gehören ganz eigentlich in das Gebiet der Mathematik, und daher hat man denjenigen Theil der Geographie, welcher sich mit Betrachtung derselben beschäftigt, die mathematische Geographie genannt.

4. Lehrt die mathematische Geographie uns die Gestalt der Erde kennen, so können wir von ihr auch füglich eine Anweisung erwarten, diese Gestalt, entweder im Ganzen oder nach einzelnen Theilen ihres Umrisses, verkleinert darzustellen. Daher handelt sie auch von der Verfertigung und dem Gebrauch künstlicher Erdkugeln und Landkarten, und liefert dadurch ein überaus wichtiges Hülfsmittel zum geographischen Studium überhaupt.

5. Aber auch außer diesem ist der Einfluß der mathematischen Geographie auf die beiden andern Theile dieser Wissenschaft, die physische und politische Geographie, unverkennbar, und daher einige Kenntniß von jener bei dem Studium der letztern unentbehrlich. Denn die Beschaffenheit und die Erzeugnisse des Bodens hängen zum Theil von der Lage desselben gegen die Sonne und der täglichen Erleuchtung und Erwärmung durch dieselbe ab, worüber uns eben die mathematische Geographie unter-

richtet. Und die Bestimmung der Lage sowohl einzelner Orte, als ganzer Länder erfordert Kenntniß der mathematischen Eintheilung der Erdkugel.

6. Auf der andern Seite steht die mathematische Geographie in genauer Verbindung mit der Astronomie, oder vielmehr, sie macht einen Theil derselben aus. Denn die Erde gehört als Weltkörper zu den Planeten, die einer der vornehmsten Gegenstände der Astronomie sind. Es bedarf daher zum Verständniß der mathematischen Geographie der Kenntniß mancher astronomischen Gegenstände, und viele mathematisch-geographische Operationen sind entweder ganz das Geschäft des Astronomen, oder erfordern die Hülfe desselben. Man ist daher genöthigt, beim Vortrage der mathematischen Geographie in das Gebiet der Astronomie überzugehen, und es möchte schwer seyn eine scharfe Grenzlinie zwischen beiden Wissenschaften zu ziehen. So bestätigt sich auch hier der Satz, daß keine Wissenschaft isolirt da steht, sondern daß alle in einander greifen, und durch ein gemeinschaftliches Band zusammengehalten werden.

7. Einen kurzen Abriß der mathematischen Geographie findet man gewöhnlich bei den Lehrbüchern der politischen. Oft ist sie in Verbindung mit der physischen, seltner allein abgehandelt worden. Zu den vorzüglichern Werken darüber gehören folgende:

Bernh. Varenii geographia generalis — aucta et illustrata ab Is. Newton. Cantabrig. — ein gewöhnlicher Nachdruck: Jenae 1693. 8. min.

Riccioli Geographia reformata. Venet. 1672.

Lulofs Einleitung zur mathemat. und physikal. Kenntniß der Erdkugel — Aus dem Holländ. übers. von Kästner. Göttingen und Leipzig 1755. 4.

Funks Anfangsgründe der mathemat. Geographie. Leipzig 1771. 8.

Mallet allg. oder mathemat. Beschr. der Erdkugel. Aus dem Schwedischen übers. von Röhl. Greifsw. 1774. 8.

Bode's Anleitung zur allg. Kenntniß der Erdkugel. Berlin 1803. 8.

Ausführliche mathematische Geographie — ein Lesebuch für die Jugend von Walch. 3te Aufl. Göttingen 1807. 8.

Weitere Ausführung der mathemat. Geogr. von Kästner. Gött. 1795. 8.

Anleitung zur mathematischen, physischen und Staatsgeographie, von G. W. Bartholdy, 1ster Theil, (welcher die mathemat. und phys. Geographie enthält.) Berlin 1801. 4.

Introduction à la Géographie mathématique et critique, et à la Géogr. physique par S. F. Lacroix Paris. 1811. 8.

J. G. Schmidt's Lehrb. der mathemat. Geographie, besonders für den öffentlichen Unterricht auf Gelehrten- und Bürgerschulen. Leipz. 1810. 8.

E. F. Hochstetter's allg. mathemat. u. physikal. Erdbeschr. 2 Thle. Stuttg. 1819 u. 1820. 8.

A. Tellkampf's Darstellung der mathemat. Geogr. mit besonderer Rücksicht auf geograph. Ortsbestimmung. Hannov. 1824. 4.

Erster Abschnitt.

Von der Gestalt des Erdkörpers im Allgemeinen.

8. Es könnte auf den ersten Anblick befremdend scheinen, daß es so lange gedauert hat, ehe die Menschen die Gestalt des Erdkörpers, den sie bewohnen, auch nur ungefähr kennen lernten, und daß noch jetzt die meisten eine unrichtige Vorstellung davon haben. Aber die Ursache davon ist, daß die Mittel, wodurch wir sonst die Gestalt der Körper erkennen, hier entweder gar nicht anwendbar, oder unzulänglich sind, nämlich: Untersuchung durch das Gefühl oder Betasten, und Ueberblick des ganzen Körpers, oder Anschauung seines Umrisses von allen Seiten. Das erstere Mittel können wir nicht gebrauchen, weil der Körper zu groß ist, und das letztere wird unvollkommen, weil wir ihm zu nahe stehen.

Es ist zu bemerken, daß wir überhaupt die Gestalt eines Körpers nicht unmittelbar durchs Gesicht wahrnehmen können, sondern durch dasselbe nur die Data erhalten, woraus wir auf die Gestalt des Körpers schließen. Mannigfache Erfahrungen lehren uns freilich diesen Schluß in vielen Fällen sehr schnell zu machen, besonders dient die Mischung von Licht und Schatten unser Urtheil zu bestimmen. Von dem Erdkörper übersehen wir auf einmal einen zu kleinen Theil, als daß wir daraus seine ganze Gestalt sogleich erkennen sollten. Denn selbst von einem Berge von 10000 Fuß Höhe, dergleichen schon sehr selten von Menschen bestiegen werden, kann man nur ein Stück übersehen, dessen Durchmesser im Bogen noch nicht ganz $3\frac{2}{3}$ Grad beträgt. Man müßte sich schon in einer Entfernung von 356 geographischen Meilen von der Oberfläche befinden, um ein Stück derselben zu übersehen, dessen Durchmesser im Bogen sich auf 90° erstreckt; und in einer Entfernung von 4090 Meilen, um ein Stück von 160° im Durchmesser überblicken zu können Indessen würde uns der Körper, auch aus diesen Entfernungen gesehen, immer nur flach erscheinen, und es würde mancher Vergleichung bedürfen, um schließen zu können, daß er wirklich kugelförmig sei.

9. Wann und unter welchem Volke man zuerst gelehrt habe, daß die Erde kugelförmig sei, läßt sich aus Mangel an Nachrichten nicht entscheiden. Die meisten der ältern griechischen Dichter und Philosophen blieben bei dem Scheine stehen, daß die Erde flach sei. Erst in den sokratischen Schulen wurde die Vorstellung von ihrer Kugelgestalt herrschend, und man fing selbst an die Größe der Erdkugel auszuforschen. Indessen waren die Gründe, womit man diese Meinung unterstützte, nicht sehr einleuchtend, und daher geschah es, daß auch späterhin viele zu der frühern Vorstellung zurückkehrten.

Vergl. Voß über die Gestalt der Erde nach den Begriffen der Alten — im N. D. Museum 1790. 8. St.

Schaubachs Geschichte der griech. Astronomie bis auf Eratosthenes. Gött. 1802. 8.

F. A. Ukert's Geograph. der Griechen u. Römer von den frühesten Zeiten bis auf Ptolemäus. 1. Th. Weimar 1816. 8.

10. Gleichwohl giebt es einige sehr gemeine Erscheinungen, aus welchen sich auf die Kugelgestalt der Erde schließen läßt. Dahin gehört zuerst die kreisförmige und scharf abgeschnittene Gestalt des Horizonts, die wir überall wahrnehmen, wo die Aussicht frei und offen ist. Denn von einem jeden freien Standpunkt übersehen wir einen gewissen Abschnitt der Erde; und nur die Kugel hat die Eigenschaft, daß jeder Abschnitt derselben durch einen Kreis begrenzt wird. Freilich ist das Stück, welches wir jedesmal übersehen, wie schon vorhin bemerkt worden ist, nur klein; daher führt der Anblick uns nicht so leicht auf die Gestalt des ganzen Körpers; allein wenn wir diese Erscheinung genauer untersuchen und erwägen, daß sie an allen Orten der Erde auf ähnliche Art statt findet, so setzt sie nothwendig einen Körper voraus, in welchem auch die kleinen Durchschnitte, die man sich nahe an der Oberfläche mit einer Ebene gemacht vorstellt, lauter Kreise sind — und dieß ist kein anderer als die Kugel.

11. Ferner, wenn wir an einem Orte in die Höhe steigen, so erweitert sich der Horizont nach allen Seiten, je höher wir steigen, und bleibt dabei immer kreisförmig. Dieß kann gleichfalls nur auf einer Kugel statt finden. Denn je weiter wir uns von einer Kugel entfernen, ein desto größeres Stück derselben können wir übersehen; und dieses Stück ist wieder ein Abschnitt der Kugel, folglich durch einen Kreis begrenzt. Wäre die Erde flach, so würde man durch eine größere Erhöhung über die Oberfläche nicht eine weitere Aussicht gewinnen, oder die Aussicht würde nur auf der Seite wachsen, wo sie vorher durch erhabene Gegenstände oder eine zufällige Ungleichheit des Bodens beschränkt war, und man würde an jeden Ort, durch die Erhöhung des Standpunktes, eine andere Art von Erscheinung in Absicht auf die Größe und Gestalt des Horizontes bekommen.

12. Eine andere Erscheinung, die von der Kugelgestalt der Erde zeugt, ist die verhältnißmäßig geringe Entfernung, in welcher große Gegenstände auf der Erde unserm Auge verschwinden. Auf einer ebenen Fläche würden uns die Gegenstände nur dann unkenntlich werden, wenn sie uns unter einem allzukleinen Winkel erschienen, oder wenn die zwischen ihnen und unserm Auge liegende Luftmasse von den Lichtstrahlen nicht mehr

durchdrungen werden könnte. Rechnet man, daß Gegenstände bei einem Sehwinkel, der kleiner als eine Minute ist, unkenntlich werden, so müßte z. B. ein Berg von 6000 Fuß Höhe auf einer Ebene 860 Meilen weit zu sehen seyn. Denn man setze, es sei AB (1. Fig.) die Länge der Ebene, BC die Höhe des Berges, und der Winkel bei A der Sehwinkel $= 1'$, so ist:

$$AB : BC = 1 : \tang A$$

folglich

$$AB = \frac{BC}{\tg A} = \frac{6000}{\tg 1'} = 20626000 \text{ Fuß},$$

dieß giebt, die Meile zu 24000 Fuß gerechnet, beinahe 860 Meilen. Wir wissen aber, daß auch der höchste Berg auf der Erde lange nicht so weit gesehen werden kann. Es tritt also etwas zwischen das Auge und den Gegenstand, wodurch dieser verdeckt und unsern Blicken entzogen wird, und die Art, wie dieses geschieht, ist ein offenbarer Beweis von der Kugelgestalt der Erde.

13. Denn er verschwindet nicht dadurch, daß er nach und nach immer undeutlicher würde — wie es geschehen müßte, wenn die Undurchsichtigkeit der Luft die Ursache des Verschwindens wäre — sondern weil er von dem Erdkörper selbst verdeckt wird. Diese Verdeckung fängt unten an und steigt immer höher, je mehr die Entfernung zunimmt. Dabei bleibt

der unverdeckte Theil noch vollkommen sichtbar. Umgekehrt, kommen die Gegenstände mit ihrem obersten Theile zuerst zum Vorschein, wenn man sich ihnen nähert, und der unterste, wenn gleich größte und dickste, Theil erscheint zuletzt. So muß es sich aber auf einer Kugel verhalten. Denn man denke sich, es sei in a (2. Fig.) ein erhabener Gegenstand, a d, und es gehe jemand von a nach b, so ist in b der untere Theil von a d nicht mehr zu sehen, weil die gerade Linie von a nach b durch die Kugel geht, und wir nur nach geraden Linien sehen können. Die Kugel selbst verdeckt also den untern Theil von a d. Dagegen ist der über b e liegende Theil von a d in b noch zu sehen; und erst, wenn man sich noch weiter nach c hin entfernt, verschwindet auch dieser. Kommt man aber in umgekehrter Richtung von c nach a, so muß zuerst die Spitze und nach und nach ein immer größrer Theil von a d zum Vorschein kommen. Da es sich nun mit dem Verschwinden und Wiedererscheinen der Gegenstände überall auf der Erde auf diese Weise verhält, vorausgesetzt, daß keine Gebirge oder andere Hindernisse die Aussicht hemmen, so folgt, daß die Erde kugelförmig sei.

14. Auch der Himmel bietet uns verschiedene Beweise von der Kugelgestalt der Erde dar. Wäre sie eine Ebene, so würde man an allen Orten nicht

nur einerlei Gestirne, sondern diese auch zu gleicher Zeit auf- und untergehen sehen. Die Erfahrung aber lehrt, daß, wenn wir in der Richtung von Norden nach Süden fortgehen, das Schauspiel des Himmels sich beständig ändert: gegen Süden kommen Gestirne zum Vorschein, die man vorher nicht sehen konnte, und im Norden verschwinden andere, die vorher sichtbar waren. Ferner sind die Bogen, welche die Gestirne über dem Horizont beschreiben, theils in Ansehung ihrer Größe, theils in Ansehung ihrer Neigung gegen den Horizont, an Orten, die in verschiedener Entfernung vom Aequator liegen, verschieden. Endlich gehen die Gestirne in einer Gegend eher auf und unter, als in einer andern, die jener gegen Westen liegt. Alle diese Erscheinungen aber lassen sich nur mit der Kugelgestalt der Erde vereinbaren.

Daß dieselben Gestirne an verschiedenen Orten zu verschiedener Zeit auf- und untergehen, kann heutzutage, bei den bequemen tragbaren Uhren, sehr leicht ausgemacht werden. Bei den Alten mußte dieß größere Schwierigkeit haben.

15. Eben so ist es ein Beweis dieser Kugelgestalt, daß wir nur einen verhältnißmäßig kleinen Weg auf der Erde zu machen brauchen, um einen Stern gerade in unsern Scheitelpunkt zu bringen, der vorher um einen oder mehrere Grade davon ent-

fernt war. Gesetzt es befinde sich jemand in A (3. Fig.) und habe den Stern a in seinem Scheitelpunkt, der Stern b aber sei um den Winkel a A b davon entfernt, so bedarf es nur des Weges von A nach B, um den Stern b in seinem Scheitelpunkt zu sehen. Wäre aber die Erde eben, so müßte er von A bis C gehen, d. i. so weit als der Abstand der beiden Perpendikel a A und b C von einander beträgt. Allein die Größe eines einzigen Grades am Himmel macht ohne allen Vergleich mehr aus, als der Abstand der entferntesten Punkte auf unsrer Erde von einander.

Wäre der scheinbare Abstand der beiden Sterne von einander ein Grad, so würde der Bogen A B nur 15 geographische Meilen ausmachen, die Linie A C aber über 17000 Millionen Meilen lang seyn, wenn man auch den Abstand der Sterne von der Erde nur eine Billion Meilen rechnen wollte, welches noch viel zu wenig ist.

16. Bei den Mondfinsternissen fällt der Schatten der Erde auf den Mond, und da er bei den verschiedensten Lagen der Erde gegen die Sonne immer kreisförmig erscheint, oder wenigstens so weit, als er auf der Mondfläche zu sehen ist, durch einen Kreisbogen begrenzt wird, so folgt auch hieraus, daß die Erde eine Kugel sei. Denn gliche sie einer runden Scheibe, so könnte ihr Schatten nur in

gewissen Lagen gegen die Sonne auf dem Monde kreisförmig erscheinen.

Der Schatten einer runden Scheibe kann auf einer ebenen Wand entweder rund, oder elliptisch, oder als eine gerade Linie erscheinen, je nachdem sie gegen das Licht gehalten wird; der Schatten einer Kugel aber erscheint immer rund an der Wand, man mag sie gegen das Licht halten wie man will.

Eigentlich ist der Schatten der Erde auf dem Monde der Durchschnitt eines geraden Kegels und einer Kugel, und seine Grenze daher eine Linie von doppelter Krümmung; allein so wie die Halbkugel des Mondes als eine Kreisfläche erscheint, so projicirt sich auch auf ihr der Schatten der Erde als ein Stück einer Kreisfläche.

17. Da man indessen auf der Mondscheibe nur einen kleinen Theil des Erdschattens auf einmal übersehen kann, so sind Mondfinsternisse nicht sehr geschickt uns auf die Vorstellung von der Kugelgestalt der Erde zu führen. Hierzu kommt noch, daß wegen des Halbschattens die Begrenzung nicht einmal scharf ist.

Wenn auch der ganze Durchmesser des Mondes die Sehne des Bogens wird, welcher den Erdschatten begrenzt, so beträgt der Bogen in der mittlern Entfernung des Mondes von der Erde und der Erde von der Sonne noch nicht 45 Grad (nur 44° 21′), also noch nicht den achten Theil der ganzen Peripherie.

Um den Halbmesser des Erdschattens in der Entfernung des Mondes zu finden, denke man sich, es sei der Kreis um S (Fig. 4. a) die Sonne, der Kreis um E die Erde, und bCg der Schattenkegel derselben. Ferner sei der Halbmesser der Sonne Sa = R; der Halbmesser der Erde Eb = r; der Abstand der Erde von der Sonne SE = a; der Abstand der Erde von dem Monde Ef = b; alsdann stellt fd den Halbmesser des Erdschattens in der Entfernung des Mondes vor. Nun ist

$$CS : Sa = CE : Eb$$

woraus sich leicht $CE = \frac{ar}{R - r}$ findet. Man setze $CE = x$, so ergiebt sich, aus der Aehnlichkeit der Dreiecke CEb und Cdf, $fd = r\frac{x - b}{x}$, indem man ohne merklichen Fehler Cb = CE setzen kann; und substituirt man für x den Werth desselben, so ist $fd = \frac{ar + br - Rb}{a}$. Es ist aber

$$Ef : fd = 1 : \text{tang } dEf$$

folglich $\text{tang } dEf = \frac{ar + br - Rb}{ab} = \frac{r}{b} + \frac{r}{a} - \frac{R}{a}$.

Hier drückt $\frac{r}{b}$ die Tangente der sogenannten Horizontalparallaxe des Mondes; $\frac{r}{a}$ die Tangente der Horizontalparallaxe der Sonne, und $\frac{R}{a}$ die Tangente des scheinbaren Halbmessers der Sonne aus. Nimmt man aber statt der Tangenten die Winkel selbst — welches erlaubt ist, da man es hier nur mit kleinen Winkeln zu thun hat — so erhält man die bekannte Regel, „daß die schein-

„bare Größe des Halbmessers des Erdschat-
„tens auf dem Monde = der Summe der
„horizontalen Parallaxe des Mondes und
„der Sonne weniger dem scheinbaren Halb-
„messer der Sonne ist."

18. Einen der einleuchtendsten Beweise, daß die Erde kugelförmig sei, geben uns die Reisen um die Welt, d. h. um den Erdkörper selbst herum. Zwar könnte man auch auf einer ebenen Erde um dieselbe herumfahren, indem man immer am Rande oder in der Nähe desselben hinführe; alsdann aber müßte man, um auf denselben Platz zurückzukehren, von welchem man ausgegangen wäre, in der Ebene des Horizontes selbst herumfahren, und so nach und nach alle möglichen Richtungen in Absicht auf den Horizont nehmen. Allein auf einer kugelförmigen Erde kann man auf denselben Platz zurück gelangen, von welchem man ausgegangen ist, ohne seine Richtung in Absicht auf den Horizont zu verändern; indem man immer nach derselben Richtung fortgeht, ohne zur Rechten noch zur Linken zu weichen. Und auf die letztere Art sind die Reisen um die Welt gemacht worden. Zwar hat man dabei wirklich vielfache Ausbeugungen zur Rechten und zur Linken gemacht — durch die Lage der Länder und Meere genöthigt — aber im Ganzen doch einerlei Richtung gehalten. Auch die Grundsätze der Schiffahrt, die

man dabei befolgt, stützen sich auf die Voraussetzung, daß die Erde eine Kugel sei.

Man hat zwar die Erde nur in der Richtung von Osten nach Westen, und umgekehrt, umschifft, man darf aber darum nicht schließen, als ob sie auch nur nach dieser Richtung gekrümmt wäre, und folglich eine walzenförmige Gestalt hätte. Denn andere bei jenen Reisen beobachtete, weiter unten zu erklärende, Umstände beweisen gleichwohl, daß sie eine Kugel sei.

Die erste Reise um die Welt geschah in den Jahren 1519 — 22, unter Anführung des Portugiesen Hernando Magalhaens (Ferdinand Magellan) auf spanischen Schiffen.

In demselben Jahrhundert wurden ähnliche Reisen unternommen

von dem Engländer Francis Drake 1577 — 80.

von dem Engländer Thomas Cavendish oder Candish 1586 — 88.

von den Holländern Jacob Mahu und Simon de Cordes 1598.

und zu derselben Zeit mit größerm Glück von dem Holländer Olivier de Noort 1598 — 1601.

In das siebenzehnte Jahrhundert gehören die Reisen von

Georg Spilberg, einem Deutschen in holländischen Diensten 1614 — 17.

den Holländern Jacob le Maire und Cornelius Schouten 1615 — 17.

den Holländern Jacob l'Hermite und Hugo Schapenham 1623 — 26.

dem Engländer Cowley 1683 — 86. — ging von Virginien um das Kap Horn durch das Südmeer nach England.

dem Engländer William Dampier, einem der größten Abenteurer und Seefahrer, 1683 — 91. und außerdem noch zweimal.

dem Italiener Gemelli Careri 1693 — 97.

Im achtzehnten Jahrhundert haben die Reise um die Welt gemacht:

der Engländer Will. Funnel 1703 — 1706.

die Engländer Woods, Rogers und Courtney gemeinschaftlich, von Dampier begleitet, 1708 — 1711.

der Engländer Eduard Coocke 1708 — 11.

der Franzose le Gentil de la Barbinais 1714 — 1718.

die Engländer Clipperton u. Shelvoeke 1719 — 1722.

der holländ. Admiral Jacob Roggewin 1721 — 23.

der Engländer George Anson 1740 — 44.

der Engländer John Byron 1764 — 66.

der Engländer Samuel Wallis 1766 — 68.

der Engländer Philipp Carteret, der mit Wallis zugleich auslief, aber in der Südsee von ihm getrennt wurde, 1766 — 69.

der Franzose de Bougainville 1766 — 69.

der Engländer James Cook zu drei verschiedenen Malen: a) 1768 — 71. b) 1772 — 75. c) 1776. Auf dieser Reise kam Cook auf O-why-he, einer der Sandwich-Inseln ums Leben den 14. Febr. 1779. — und das Schiff wurde, nachdem auch Clerke gestorben war, von Gore 1780 nach England zurückgebracht.

der Engländer Fourneaux, der bei Cooks zweiter Reise zugleich mit ihm auslief, 1772—74.

die Engländer Portlock und Dixon 1785—88.

der Engländer Edwards 1790—92.

der Franzose Etienne Marchand 1790—92.

der Engländer J. Parker, dessen Reise, London 1795. 8. erschienen ist.

der Engländer Georg Vancouver 1790—95.

In das Ende des achtzehnten und den Anfang des neunzehnten Jahrhunderts fällt die Reise

des Engländers J. Turnbull's 1800—1804.

Ferner

die erste Reise um die Welt auf russischen Schiffen — von A. J. von Krusenstern 1803—1806.

eine zweite auf dem Rurik unter Anführung von O. v. Kotzebue 1815—1818.

eine dritte auf der russischen Corvette Wostock, Kapitain Bellinghausen 1819—1822.

In französischen Schiffen wurden Reisen um die Welt gemacht

von Camille de Roquefeuil 1816—1819.

von Freycinet 1817—1820.

von Düperrey 1822—1825.

von Bougainville, dem Sohne des frühern Weltumseglers, 1824—1826.

Die erste Reise um die Welt auf einem preußischen Schiffe

vom Kapitain Harmsen 1822 — 1824.

auf einem amerikanischen Schiffe

vom Kapitain David Leslie aus Neuyork 1822 — 1825.

Eine Sammlung von Reisebeschreibungen, die Reisen um die Welt betreffend, findet man in folgendem Werke:

Collection de tous les Voyages faits autour du monde par les differentes nations de l'Europe, par Berenger. Laus. et Paris. Nouv. Edit. 1795. 10 Vols. 8.

Zweiter Abschnitt.

Von der mathematischen Eintheilung der Erdkugel und von ihrer Größe.

19. Wenn aus den im vorhergehenden Abschnitte angeführten Gründen gefolgert werden muß, daß die Erde kugelförmig sei, so folgt doch nicht nothwendig daraus, daß sie eine vollkommene Kugel ausmache. Vielmehr wird sich in der Folge zeigen, daß ihre Gestalt wirklich etwas davon abweicht. Indessen ist es zu vielerlei Zwecken hinreichend und bequem, auf die Abweichungen keine Rücksicht zu nehmen, und sie als eine vollkommene Kugel zu betrachten. Alsdann lassen sich die mathematischen Lehrsätze von der Kugel auch auf sie anwenden. Die Ungleichheiten, welche Gebirge und Thäler auf ihrer Oberfläche bilden, thun der Kugelgestalt im Ganzen keinen Eintrag, da sie gegen die Größe des Erdkörpers verschwinden.

20. Auf der Oberfläche einer Kugel hat kein Punkt seiner Lage nach eine Auszeichnung vor dem andern; es findet keine natürliche Grenze auf ihr statt, von welcher man ausgehen könnte, um die Lage

anderer Punkte darnach zu bestimmen. Es müssen also erst gewisse Punkte oder Linien auf irgend eine Weise festgesetzt werden, auf welche die Lage andrer Punkte bezogen werden kann.

21. Solche Punkte sind auf der Erdkugel die Pole — zwei einander entgegengesetzt liegende Punkte, oder die Endpunkte eines Durchmessers — deren Lage durch die Umdrehung der Erde um sich selbst bestimmt wird. Von dieser Erscheinung handelt erst der folgende Abschnitt; hier ist es genug, sich irgend einen Erddurchmesser zu denken, dessen Endpunkte die Pole vorstellen sollen. Der eine von diesen Polen heiße der Nordpol, und der andere der Südpol, der Durchmesser selbst aber die Achse.

Die Benennung Pole kommt von dem Griechischen πολειν, umdrehen, her.

22. Durch die Pole wird die Lage des Aequators bestimmt, worunter man sich denjenigen größten Kreis der Erdkugel zu denken hat, auf dessen Ebene die Erdachse senkrecht steht. Wenn also die Linie NS (Fig. 4. b) die Erdachse bedeutet, so ist AQ der Durchmesser des Aequators. Folglich sind alle Punkte seines Umkreises von beiden Polen gleichweit entfernt; und die Erdkugel wird durch die Ebene desselben in zwei gleiche Theile, die nördliche und

südliche Halbkugel, getheilt, die ihre Benennung von dem in ihnen liegenden Pole haben.

23. Der Aequator gewährt uns ein vorzügliches Hülfsmittel zur Bestimmung der Lage eines Ortes auf der Erdkugel. Denn er giebt uns eine bestimmte Grenzlinie, auf welche wir die Lage andrer Orte beziehen können. Wir brauchen nämlich nur den Abstand eines Ortes vom Aequator zu bezeichnen, und zugleich zu bemerken, ob der Ort in der nördlichen oder südlichen Halbkugel liege, so ist seine Lage bis auf einen mit dem Aequator parallel laufenden Kreis (einen Parallelkreis) bestimmt.

24. Um den Abstand eines Ortes vom Aequator zu bestimmen, denke man sich einen größten Kreis durch den Ort senkrecht auf den Aequator gezogen; der Bogen dieses Kreises, der zwischen den Ort und den Aequator fällt, giebt den gesuchten Abstand. Ein solcher Kreis aber muß zugleich durch die Pole gehen (S. mein Lehrbuch der reinen Mathem. 4te Aufl. §. 250. der Geom.). Es stelle also A S Q N (5. Fig.) die Erdkugel, N und S die Pole, A B Q den Aequator, und O einen beliebigen Ort vor, so ist der Bogen O B sein Abstand vom Aequator. Die Größe dieses Bogens wird in Graden und deren Unterabtheilungen ausgedrückt. Es ist aber leicht einzusehen, daß, wenn man durch O einen Parallelkreis mit dem

Aequator zieht, jeder Punkt desselben einen gleichen Abstand vom Aequator hat. Folglich wird durch die Angabe des Abstandes eines Ortes vom Aequator seine Lage noch nicht vollkommen bestimmt.

Die Pole haben den größten Abstand vom Aequator = 90°.

25. Der Abstand eines Ortes vom Aequator heißt seine geographische Breite, und man unterscheidet nördliche und südliche Breite, je nachdem der Ort in der nördlichen oder südlichen Halbkugel liegt.

26. Ein größter Kreis der Erdkugel, der durch beide Pole und einen Ort O geht, wie N O S (5. Fig.), heißt der Meridian oder Mittagskreis des Ortes O. Durch jeden Ort auf der Erde aber kann ein solcher Kreis gezogen werden. Denn so wie die Lage einer jeden Ebene durch eine gerade Linie und einen Punkt außerhalb derselben bestimmt ist, (s. das angef. Lehrbuch §. 183. der Geom.) so wird auch die Lage der Ebene eines Meridians durch die Erdachse und den Punkt in der Oberfläche der Erdkugel bestimmt.

27. Alle Meridiane durchschneiden einander in den beiden Polen. Jede zwei derselben also, wie N A S und N O S (5. Fig.), bilden hier einen sphärischen Winkel, A N O = A S O. Das Maas

desselben ist der Bogen AB des Aequators, der zwischen beide fällt, (s. das angef. Lehrbuch §. 250. 2. Zus. der Geom.). Wenn man aber die Größe dieses Winkels bestimmt, und zugleich bemerkt, nach welcher Seite der eine Meridian gegen den andern liegt, so ist die gegenseitige Lage beider Meridiane dadurch bestimmt.

28. Durch die Lage des Meridians eines Ortes gegen den Meridian eines andern wird die geographische Länge jenes Ortes bestimmt; oder mit andern Worten: unter der geographischen Länge eines Ortes versteht man den sphärischen Winkel, unter welchem der Meridian dieses Ortes den Meridian eines andern, auf welchen die Länge bezogen werden soll, durchschneidet; und da der Bogen des Aequators, der zwischen beiden Meridianen liegt, das Maas des sphärischen Winkels ist, so dient er auch zur Bestimmung der geographischen Länge. So bezeichnet also der Bogen AB (5. Fig.) die Länge des Ortes O in Beziehung auf den Meridian NAS. Die Größe dieses Bogens wird, wie die geographische Breite, in Graden und deren Unterabtheilungen ausgedrückt. Und um zu bestimmen, nach welcher Seite von A der Bogen AB zu nehmen ist, unterscheidet man östliche und westliche Länge, so wie man nördliche und südliche Breite hat.

Wenn die Länge von O gegen den Meridian N A S östlich ist, so ist dagegen die Länge des Meridians N A S gegen den des Ortes O westlich. Der Grund dieser Benennungen wird in dem nächsten Abschnitt erklärt.

29. Längenbestimmungen beziehen sich also nicht, so wie die Breitenbestimmungen, auf eine gleichsam von der Natur selbst festgesetzte Linie, sondern können auf den Meridian eines jeden Ortes bezogen werden. Um indessen Irrungen und Mißverständnisse zu vermeiden, und noch mehr, um auf den Landkarten und künstlichen Erdkugeln eine gleichförmige und leicht verständliche Eintheilung in Absicht der Längen zu erhalten, pflegt man den Meridian irgend eines Ortes als denjenigen festzusetzen, nach welchem die Lage aller übrigen bestimmt wird; und dieser heißt der erste Meridian.

30. In der Bestimmung des ersten Meridians finden vielerlei Abweichungen statt, indem sich verschiedene Nationen nach verschiedenen ihnen merkwürdigen Orten gerichtet haben. Die Engländer z. B. haben den Meridian von Greenwich, die Franzosen den von Paris zum ersten angenommen. Ein altes Herkommen bestimmte dazu den Meridian der Insel Ferro, oder des Piks von Teneriffa. Heutzutage ist es sehr gewöhnlich, den ersten Meridian 20 Grade westlich von dem Pariser zu

setzen, welches ungefähr mit dem Meridian von Ferro zusammen trifft.

Wenn die Länge eines Ortes gegen den ersten Meridian, ohne den Beisatz, ob sie östlich oder westlich sei, angegeben wird, so ist immer östliche Länge zu verstehen.

31. Durch Länge und Breite eines Ortes wird seine Lage auf der Erde, als Kugel betrachtet, völlig bestimmt. Denn durch die Länge erhält man den Meridian, welcher durch den Ort geht; und durch die Breite wird der Punkt des Meridians bestimmt, in welchem der Ort liegt. Man kann also darnach mit leichter Mühe genau die Stelle auf einer Landkarte oder künstlichen Erdkugel angeben, in welche der Ort zu setzen ist. Ist aber die Frage, wie man die Länge und Breite eines Ortes auf der Erde selbst bestimmen könne, so hat die Sache ganz andere Schwierigkeiten. Sie erfordert Beobachtungen am Himmel, und wird dadurch das Geschäft des Astronomen. Einiges darüber wird weiter unten vorkommen.

Die Benennungen Länge und Breite sind wohl aus der alten Geographie in die neuere übergegangen. Derjenige Theil der Erde, welchen die Alten kannten, hatte eine größere Ausdehnung in der Richtung von Osten nach Westen, als in der Richtung von Süden nach Norden. Jenes war ihnen daher die Länge, dieses die

Breite der Erde. Auch bei der Eintheilung der Erdoberfläche in Zonen, die man noch heutzutage beibehalten hat, läßt sich die Richtung einer Zone von Osten nach Westen, als die Länge, und die Richtung von Süden nach Norden, als die Breite derselben betrachten. Nach einer auch in andern Fällen nicht ungewöhnlichen Verwechselung der Begriffe geschah es dann, daß man die Bestimmungen der Lage eines Ortes in Beziehung auf die Länge und Breite der Erde, oder der Erdzonen, selbst mit dem Namen der Länge und Breite bezeichnete.

32. Die Kreise auf der Erdkugel werden, wie in der Geometrie gewöhnlich, in 360 Grade, der Grad in 60 Minuten, und die Minute in 60 Sekunden eingetheilt. Einen Grad des Aequators, und also eines größten Kreises überhaupt, rechnet man zu 15 deutschen oder geographischen Meilen, deren jede ungefähr 22800 pariser oder 23600 rheinländische Fuß hält. Hiernach beträgt der Umfang der Erdkugel 5400, und ihr Durchmesser 1718, 87 . . . oder in einer vollen Zahl 1719, folglich der Halbmesser $859\frac{1}{2}$, oder in einer runden Zahl 860 solcher Meilen.

1. Die von den Franzosen zur Zeit der Revolution in Vorschlag gebrachte Eintheilung des Kreises in 400 Grade, des Grades in 100 Minuten, und der Minute in 100 Sekunden, hat bei andern Nationen die Aufnahme nicht gefunden, die sie in vieler Hinsicht wohl verdient hätte,

und wird jetzt selbst von ihren Urhebern kaum noch gebraucht.

2. Genauer wird die Größe der geographischen Meile weiter unten im achten Abschnitte, wo von den Gradmessungen die Rede ist, angegeben.

3. So wie andere Längenmaaße, so sind auch die Meilen bei verschiedenen Nationen von sehr verschiedener Größe. Um ihr Verhältniß gegen einander bestimmen zu können, muß man wissen, wie viele derselben auf einen Grad des Aequators gehen; denn die Meilen selbst stehen im umgekehrten Verhältniß dieser Mengen. Verzeichnisse verschiedener Meilen mit Angabe ihrer Größe finden sich in Bodens Anleitung zur Kenntniß der Erdkugel; in Herrmanns, in Gerhardts und in Krusens allg. Comtoristen; in dem allg. kleinen Comtoristen (Erfurt 1791. 8.); im Gothaischen täglichen Taschenbuch; in Krünitz Encyklopädie Art. Meile, wo man auch mehrere Schriften nachgewiesen findet.

Eine kleine Tabelle der Art ist die nachstehende:

Namen der Meilen.	gehen auf 1 Grad des Aequat.
deutsche oder geograph. .	15
dänische . . .	$14\frac{4}{5}$
englische . . .	$69\frac{1}{8}$
englische Seemeilen . .	60
französische (lieue) . .	25
französische Seemeilen . .	20
italiänische . . .	60
russische oder Werste . .	$104\frac{2}{5}$
schwedische	$10\frac{2}{5}$

33. Die Parallelkreise — unter welchen man solche Kreise auf der Erdkugel versteht, die mit dem Aequator parallel laufen — sind desto kleiner, je weiter sie vom Aequator abstehen. Ein Blick auf die 6te Figur kann uns davon überzeugen. Wenn AQ den Durchmesser des Aequators vorstellt, so sind die Sehnen mn, op, qr Durchmesser von Parallelkreisen, und die Sehnen eines Kreises sind desto kleiner, je weiter sie vom Mittelpunkt abstehen. Auch ist Cm : ms = 1 : Cos x und da Cm = CA, x = der Breite des Parallelkreises ist, und die Peripherien zweier Kreise sich wie ihre Halbmesser verhalten, (s. mein Lehrb. d. Math. §. 159. 2. Zus.) so ergiebt sich hieraus leicht die Regel, daß sich der Umfang des Aequators zum Umfang eines Parallelkreises, wie 1 zum Cosinus der Breite des letztern verhält.

Ist der Umfang des Aequators 5400 geograph. Meilen, so hat der Parallelkreis in der Breite von

22°	11′	30″	einen	Umfang	von	5000	geogr.	Meil.
42	12	20	—	—	—	4000	—	—
56	15	3	—	—	—	3000	—	—
68	15	41	—	—	—	2000	—	—
79	19	41	—	—	—	1000	—	—
84	41	14	—	—	—	500	—	—
88	56	20	—	—	—	100	—	—
89	53	38	—	—	—	10	—	—

Hätte die Erde eine walzenförmige Gestalt, so würden alle Parallelkreise dem Aequator gleich seyn. Die Verschiedenheit ihrer Größe in verschiedenen Breiten also, die man bei den Reisen um die Welt um so eher wahrnehmen mußte, je weiter man sich dabei vom Aequator entfernte, zeigt, daß die Erde auch nach den Polen zu gekrümmt seyn muß.

34. Die Oberfläche der Erdkugel, so wie ihr körperlicher Inhalt, wird aus ihrem Umfange nach den bekannten geometrischen Lehrsätzen von der Kugel gefunden. Hiernach beträgt die Oberfläche 9,281910 geogr. Quadratmeilen, und der Inhalt 2659,072000 geogr. Cubikmeilen.

Die kleinen Unterschiede, die sich bei verschiedenen Schriftstellern in diesen Angaben finden, rühren von der größern oder geringern Genauigkeit her, mit welcher der Durchmesser bestimmt wird.

Dritter Abschnitt.

Von der Umdrehung der Erdkugel um ihre Achse und den damit zusammenhängenden Erscheinungen.

35. Wenn eine Kugel um sich selbst herumgedreht wird, so beschreiben alle Punkte ihrer Oberfläche Kreise, die einander parallel laufen oder in einander fallen; nur zwei einander entgegengesetzte Punkte verändern ihre Stelle nicht. Denkt man sich eine gerade Linie durch diese hindurch, so erhält man einen Durchmesser der Kugel, der in Beziehung auf diese Umdrehung und die dadurch entstehenden Kreise die Achse der Kugel genennt wird, so wie jene Punkte selbst oder die Endpunkte der Achse ihre Pole heißen. Wenn also die Erdkugel sich um sich selbst herumdreht, so hat die Natur dadurch, wie schon oben bemerkt worden ist, die Pole, die Achse und die davon abhängigen Kreise, den Aequator nebst den Parallelkreisen, selbst bestimmt. Es ist daher die Frage: wie läßt sich eine solche Umdrehung beweisen?

36. Von jeher hat diese Behauptung vielen Widerspruch erfahren, weil sie nicht durch unsere

Empfindung unmittelbar unterstützt wird, ja diese ihr sogar entgegen zu seyn scheint. Wir sind nämlich gewohnt bei allen Bewegungen auf der Erde, an denen wir selbst Theil nehmen, gewisse Eindrücke zu erhalten, die wir eben deshalb als nothwendig mit ihnen verbunden ansehen; wir fühlen entweder eine Erschütterung unsers Körpers, oder empfinden eine Anstrengung unserer eignen Kräfte, oder bemerken eine sichtbare Veränderung in der Lage der uns umgebenden Dinge. Von allen diesem werden wir bei der Bewegung der Erde nichts gewahr, und glauben uns daher in gänzlicher Ruhe zu befinden, sobald wir stille stehen.

37. Es ist aber zu bedenken, daß, wenn der ganze Erdkörper sich bewegt, alle Gegenstände um uns her mit uns zugleich fortbewegt werden, folglich keine Veränderung in ihrer Lage gegen uns entstehen kann; ferner daß eine solche Bewegung ohne die geringste Mitwirkung von unserer Seite geschieht, und daß sie im freien Raume ohne Zusammenstoßen einzelner Theile, folglich ohne Erschütterung, statt findet. Es fallen also die Ursachen jener Eindrücke, die gewöhnlich mit der Bewegung unsers Körpers verbunden sind, hier weg; und die Ruhe, in der wir uns zu befinden glauben, wenn wir stille stehen, kann auch nur *scheinbar* seyn.

38. Bewegung ist eine Erscheinung, die nur aus der veränderten Lage wenigstens zweier Körper gegen einander erkannt werden kann. Wenn also von Bewegung der ganzen Erde die Rede ist, so müssen wir sie mit einem oder mehrern Körpern außer ihr vergleichen; und dazu bieten sich uns die Himmelskörper dar. Von diesen bemerken wir an jeder Stelle der Erdoberfläche, daß sie beständig ihre Lage gegen dieselbe verändern; und zwar ist diese Veränderung so beschaffen, daß es aussieht, als drehe sich der ganze Himmel um sich selbst herum, und reiße die Himmelskörper mit sich fort. Diese Erscheinung aber kann auf eine doppelte Weise hervorgebracht werden: entweder indem die Himmelskörper sich wirklich am Himmel oder mit dem Himmel herumbewegen, indeß die Erde selbst stille steht; oder indem die Erde sich um sich selbst herumdreht, indeß jene unbewegt bleiben.

39. Denn man denke sich, es stelle der kleinere Kreis in der 7ten Figur die Erde, und der größere den Himmel vor, so ist klar, daß, wenn der Himmel sich in der Richtung a r s c herumdreht, indeß die Erde stille steht, die Punkte a, b, c — in denen man sich Sterne vorstellen kann — der Reihe nach vor dem Punkt A der Erde vorbeigehen; und während einer Umdrehung des Himmels kommen alle Punkte

des Kreises a r s c über A an die Stelle von a zu stehen.

40. Dreht sich hingegen die Erde in der Richtung ABCD (8. Fig.) herum, indeß der Himmel stille steht, so rückt der Punkt A der Reihe nach vor den Punkten a, b, c vorüber, und während einer Umdrehung der Erde kommen ebenfalls alle Punkte des Kreises a r s c über A zu stehen. Der sinnliche Schein ist also in beiden Fällen einerlei; nur ist im letztern Fall die Richtung, in welcher sich die Erde wirklich herumdreht, derjenigen entgegengesetzt, in welcher sich der Himmel herumzudrehen scheint.

41. Die angeführte Erscheinung am Himmel ist also ein sicherer Beweis, daß entweder der Himmel, oder die Erde sich um ihre Achse dreht. Es giebt aber mehrere Gründe, die uns überzeugen können, daß das letztere in der Natur wirklich statt finde. Denn

1) könnte man wohl annehmen, daß der Himmel sich um sich selbst herumbewegte, wenn er wirklich ein so zusammenhängendes Gewölbe bildete, als es dem sinnlichen Scheine nach aussieht. Da dieses aber nicht der Fall ist, sondern die Himmelskörper im freien Raume schweben, und sich in unendlich verschiedenen Entfernungen von der Erde befinden,

so wäre es etwas unbegreiflich wunderbares, wenn sie nicht nur alle in gleicher Zeit — die noch dazu verhältnißmäßig sehr kurz wäre, und bei den allermeisten Himmelskörpern eine über alle Maaßen große Geschwindigkeit erforderte — ihren Umlauf vollenden, sondern auch ihre Bahnen eine solche Lage gegen einander, und gegen die Erde haben sollten, daß sie, von hieraus gesehen, lauter Parallelkreise einer Kugel bildeten. Dagegen erklärt sich diese verwickelte Erscheinung ganz einfach, wenn wir annehmen, daß sich die Erde umdrehe, indeß die Himmelskörper stille stehen.

2) Wäre eine solche Bewegung der Himmelskörper dem Gesetz der allgemeinen Schwere, das durch alle astronomische Beobachtungen bestätigt wird, entgegen; denn es müßte die anziehende Kraft der Erde unendlich viel größer seyn, als sie sich aus andern Erscheinungen ergiebt, wenn sie diejenigen Gestirne, welche sich um sie herum zu bewegen scheinen, in ihren Bahnen erhalten sollte. Und man müßte überdieß noch andere Kräfte und andere Bewegungsgesetze annehmen, um die Bewegung derjenigen Gestirne zu erklären, deren Bahnen nicht um die Erde gehen, sondern ihr zur Seite fallen, welches bei den meisten der Fall ist. Hingegen haben wir keine neuen Hypothesen nöthig, wenn die Umdrehung des Himmels nur scheinbar ist.

3) Bietet das Gesetz der Abnahme der Schwere nach dem Aequator hin so wie die abgeplattete Gestalt der Erde, einen Beweis von dem Umschwung der Erde dar, welcher jedoch erst weiter unten erläutert werden kann.

4) Endlich können auch die neuerlichen Versuche über den Fall der Körper aus beträchtlichen Höhen, wobei sich eine kleine Abweichung vom Perpendikel gegen Osten zeigt, zum Beweis des Umschwungs der Erde angeführt werden.

Versuche der Art, wie in Nr. 4. erwähnt werden, haben Guglielmini und Benzenberg angestellt. Der erstere beschreibt sie in seiner Schrift: de diurno terrae motu experimentis physico-mathematicis confirmato. Bonon. 1792. 8. und der letztere in seinem „Versuch über die Umdrehung der Erde" Dortmundt 1805. 8. Vergl. auch darüber die zweite Anmerk. zum folgenden §.

42. Man hat gegen die Umdrehung der Erde den Einwand gemacht, daß ein von einem Thurm herabfallender Stein nicht am Fuße desselben niederfallen könnte; weil, wenn er auch nur wenige Secunden zu seinem Fall gebrauchte, der Thurm unterdessen durch den Umschwung der Erde weit weggeführt würde. Aber die Bewegung des fallenden Steins ist keine einfache, sondern eine aus der Kraft der

Schwere und dem Umschwung der Erde **zusammengesetzte** Bewegung. Gesetzt, die Schwungkraft der Erde wäre am Fuße des Thurmes und an der Spitze desselben gleich, und während der Stein von B (9. Fig.) herunter fiele, rückte der Thurm AB um das Stück AC fort, so stellt ABDC das Parallelogramm der Kräfte vor, und der Stein geht nach der Diagonale BC; gelangt also zu eben der Zeit nach C, als A dahin kommt.

1) Da die Geschwindigkeit eines fallenden Körpers immer wächst, indeß die durch den Umschwung der Erde erlangte Geschwindigkeit gleichförmig ist, so fällt der Körper, wenn man den Widerstand der Luft nicht berücksichtigt, eigentlich in einer **Parabel** von B nach C.

2) Die durch den Umschwung der Erde einem Körper mitgetheilte Geschwindigkeit ist in B etwas größer als in A, weil B vom Mittelpunkt der Erde weiter absteht, folglich einen größern Kreis beschreibt als A. Daher der aus B fallende Korper eigentlich noch etwas über C hinaus auf die Erde treffen muß.

43. Die scheinbare Umdrehung der Himmelskugel wird also vorzüglich ein Mittel für uns, die eigne Umdrehung der Erdkugel zu erkennen. Und so müssen uns viele Erscheinungen am Himmel dienen, uns auf der Erde zurecht zu finden. Man hat daher ähnliche Eintheilungen auf der Himmelskugel wie auf der Erdkugel gemacht, in der Absicht, jeden

Punkt auf derselben gehörig bestimmen zu können. Diejenigen Punkte, um welche sich die Himmelskugel scheinbar dreht, heißen ebenfalls die Pole des Himmels oder die Weltpole, so wie die gerade Linie zwischen ihnen, die Welt- oder Himmelsachse. Die letztere fällt mit der Erdachse zusammen, oder sie entsteht, wenn man sich die Erdachse bis an den Himmel ausgedehnt vorstellt. Daher wird auch derjenige Weltpol, der über dem Nordpol der Erde liegt, der Nordpol des Himmels, und derjenige, welcher über dem Südpol der Erde liegt, der Südpol des Himmels genennt.

44. So wie die Pole der Erdkugel den Aequator derselben bestimmen, so bestimmen die Weltpole den Aequator des Himmels, d. i. denjenigen größten Kreis der Himmelskugel, auf dessen Ebene die Weltachse senkrecht steht. Auch fällt die Ebene desselben mit der Ebene des Erd-Aequators zusammen; denn die scheinbare Himmelskugel schließt die Erdkugel so in sich ein, daß beide einen gemeinschaftlichen Mittelpunkt haben. Durch den Aequator des Himmels wird die Himmelskugel ebenfalls in die nördliche und südliche Halbkugel eingetheilt, so wie auch die dem Aequator parallelen Kreise am Himmel ebenfalls Parallelkreise heißen.

45. Soll nun die Lage eines Himmelskörpers bestimmt werden, so läßt sich zuerst der Abstand desselben vom Aequator bemerken. Zu dem Ende denke man sich aus dem Pol des Himmels einen Bogen durch den Himmelskörper senkrecht auf den Aequator gezogen; alsdann bestimmt der Theil des Bogens, der zwischen den Himmelskörper und den Aequator fällt, den Abstand desselben vom Aequator, und dieser wird die Abweichung (declinatio) genennt, so wie der Kreis, dem dieser Bogen zugehört, ein Abweichungskreis heißt. Die Abweichung ist entweder nördlich oder südlich.

Es sei PATQ (10. Fig.) die Himmelskugel, P der Nordpol, AQ der Aequator, S ein Himmelskörper, so stellt SD die nördliche Abweichung, und PD einen Theil des Abweichungskreises vor.

Durch die Abweichung wird nur der Parallelkreis bestimmt, in welchem sich ein Stern befindet; durch die gerade Aufsteigung, welche weiter unten §. 119. erklärt wird, bestimmt sich auch sein Standpunkt im Parallelkreise.

Die Abweichung eines Gestirns ist dasselbe am Himmel, was die Breite eines Ortes auf der Erdkugel ist.

Wie man zu verfahren habe, um die Abweichung eines Gestirns am Himmel selbst zu bestimmen, lehrt die Astronomie.

46. Die Lage der Himmelskörper ist, mit Ausnahme einiger wenigen, eben so unveränderlich als die Lage der Weltpole selbst. Gleichwohl gewährt uns der Himmel, wenn wir ihn zu verschiedenen Zeiten, oder von verschiedenen Orten aus betrachten, einen ganz verschiedenen Anblick, so daß es scheinen könnte, als hätte sich die Lage der Himmelskörper selbst geändert. Diese Veränderungen aber sind nur scheinbar und hängen von Ursachen ab, die sich hier näher entwickeln werden. In dieser Rücksicht müssen wir uns zuerst mit der Erscheinung des **Horizontes** bekannt machen.

Wirklich ändert sich die Lage der Weltpole mit der Zeit, und daher auch die scheinbare Lage der Gestirne, insofern sie davon abhängig ist. Von dieser Veränderung aber, die nur sehr langsam geschieht, ist hier nicht die Rede.

47. Wenn wir von irgend einem freien Orte der Erde den Himmel betrachten, so scheint er uns durch die Erdfläche selbst begrenzt zu werden. Die Erdkugel ist aber nur der Körper, an welchem die Strahlen, die von den äußersten Punkten des Himmels in unser Auge kommen, hingleiten, indeß die Punkte selbst in unbestimmbarer Weite von uns entfernt sind. Sie verdeckt uns einen Theil des Himmels, und da wir den Zwischenraum zwischen den Stellen, in wel-

chen die Lichtstrahlen die Erdkugel berühren, und den Punkten, von welchen sie ausgehen, nicht sehen, so sind wir auch nicht im Stande ihn zu schätzen, und setzen daher die Erde unmittelbar an die Himmelskugel selbst.

48. Man kann also die Lichtstrahlen, die von der äusserſten Grenze der sichtbaren Himmelskugel nach unserm Auge gehen, ihrer Lage nach, als mathematische Tangenten betrachten, die, in umgekehrter Richtung, von dem Punkt des Auges an die Erdkugel gezogen, und bis an die Himmelskugel verlängert würden. Die Punkte, in welchen diese sowohl die Erd- als die Himmelskugel treffen, machen zusammen an jeder Kugel einen Kreis, welcher der scheinbare Horizont genennt wird. Man muß hier also zwei Kreise unterscheiden: den scheinbaren Horizont des Himmels, und den scheinbaren Horizont der Erde, die nur scheinbar in Einen zusammenfallen, und daher nicht immer unterschieden werden.

49. Unter dem wahren Horizonte aber ist jederzeit ein Kreis des Himmels zu verstehen, und zwar derjenige, dessen Ebene die Erde an der Stelle berührt, in welcher sich das Auge des Zuschauers befindet.

50. Man setze, es sei der kleinere Kreis um C (11. Fig.) die Erde, und der größere der Himmel; ferner sei b irgend ein erhabener Punkt auf der Erde, und von b gehe die Tangente bH, welche die Erdkugel in d berührt, so drückt der Bogen ad die Weite aus, bis zu welcher man von b aus auf der Erde sehen kann, oder die Weite des scheinbaren Horizontes auf der Erde nach einer Seite hin. Eben so weit aber erstreckt sie sich auf allen Seiten von b. Nun ist ad das Maaß des Winkels x; setzt man daher den Halbmesser der Erde $= r$, und $ab = h$, so ist $Cb : Cd = 1 : \mathrm{Cos}\, x$, folglich

$$\mathrm{Cos}\, x = \frac{r}{r + h}$$

1. Folgende Tabelle zeigt, wie weit sich der Horizont auf der Erde, nach der verschiedenen Höhe des Standortes, erstreckt — wobei auf die Wirkung der Strahlenbrechung nicht gerechnet ist.

Höhe des Standortes.		Weite der Aussicht.		
100	Fuß . .	$2\frac{3}{4}$	geogr.	Meilen
200	— . .	$3\frac{7}{8}$	—	—
300	— . .	$4\frac{3}{4}$	—	—
400	— . .	$5\frac{1}{2}$	—	—
500	— . .	$6\frac{1}{6}$	—	—
1000	— . .	$8\frac{2}{3}$	—	—
1500	— . .	$10\frac{5}{8}$	—	—
2000	— . .	$12\frac{3}{10}$	—	—
2500	— . .	$13\frac{5}{7}$	—	—
3000	— . .	$15\frac{1}{25}$	—	—
3500	— . .	$16\frac{1}{4}$	—	—
4000	— . .	$17\frac{9}{25}$	—	—
4500	— . .	$18\frac{2}{5}$	—	—
5000	— . .	$19\frac{2}{5}$	—	—
6000	— . .	$21\frac{1}{4}$	—	—
7000	— . .	$22\frac{24}{25}$	—	—
8000	— . .	$24\frac{1}{2}$	—	—
9000	— . .	$26\frac{1}{25}$	—	—
10000	— . .	$27\frac{4}{9}$	—	—
12000	— . .	$30\frac{1}{10}$	—	—
14000	— . .	$32\frac{1}{2}$	—	—
16000	— . .	$34\frac{7}{10}$	—	—
18000	— . .	$36\frac{4}{5}$	—	—
20000	— . .	$38\frac{4}{5}$	—	—
24000	—	$41\frac{7}{12}$	—	—

2. Ist die Frage, ob ein Berg von einem andern aus gesehen werden könne oder nicht, so muß man die Weite der Aussicht, die beiden zugehört, zusammenaddiren; beträgt dann ihre Entfernung von einander weniger als diese Summe, so ist der eine von dem andern zu sehen; beträgt sie mehr, so findet das Gegentheil statt. Z. B. ein Berg von 2000 Fuß könnte von einem andern von 3000 Fuß gesehen werden, wenn beide nicht über 27 Meilen von einander entfernt wären, vorausgesetzt, daß sonst keine zufälligen Hindernisse die Aussicht beschränken.

3. Um für einen Standort von geringer Höhe, z. B. von 6 oder 10 Fuß, die Weite der Aussicht zu finden, ist die obige Formel nicht brauchbar. Man kann aber leicht für einen solchen Fall einen passendern Ausdruck erhalten, wenn man in der 11ten Figur unter ab eine so kleine Höhe versteht, und sich von a nach d noch eine gerade Linie gezogen denkt. Diese wird bei dem kleinen Winkel, welchen x alsdann bezeichnet, von dem Bogen ad, und selbst von der Tangente desselben db nicht merklich verschieden seyn. Nun ist in dem Dreieck abd $ad : ab = \sin abd : \sin adb$, oder, da der Winkel $abd = 90^\circ - x$, und der Winkel $adb = \frac{1}{2}x$ ist,

so ist $$ad : ab = \cos x : \sin \tfrac{1}{2}x$$

Ferner ist in dem Dreieck Cdb $$Cd : db = 1 : \operatorname{tg} x$$ folglich ist, wenn man $ad = db$ nimmt $$Cd : ab = \cos x : \sin \tfrac{1}{2}x \operatorname{tg} x,$$

oder, da bei so kleinen Winkeln $\sin \frac{1}{2}x = \frac{1}{2}\sin x$, und überdieß $\frac{\sin x}{\cos x} = \operatorname{tg} x$ ist,

$$Cd : ab = 1 : \tfrac{1}{2}\operatorname{tg} x^2$$

Hieraus ergiebt sich, wenn man ab, als die Höhe des Standorts, durch h, und Cd, als den Halbmesser der Erde, durch r bezeichnet

$$tg\ x = \sqrt{\frac{2h}{r}}$$

Es sei z. B. h = 6 par. Füß und r = 19,632100 Fuß, so findet sich x = 2 Min. 41 Sec. d. i. $\frac{2}{3}$ geogr. Meilen.

(Ueber die hier vorkommende Trigonom Rechnung vergl. mein Lehrb. der reinen Math. dritte Abtheil.)

51. Die Weite des scheinbaren Horizontes am Himmel, nach einer Seite hin, umfaßt den Bogen HZ (11. Fig.). Dieser ist das Maaß des Winkels HCZ = HbZ — u. Ist nun in dem Dreieck HCb die Seite CH unendlich groß in Vergleich mit der Seite Cb, so wird der Winkel u unendlich klein, und daher der Winkel HCZ = HbZ. Man muß aber wirklich den Himmel für unendlich entfernt in Vergleich mit dem Halbmesser der Erde halten, und daher die Weite des scheinbaren Horizontes am Himmel nach jeder Seite hin nach der Größe des Winkels HbZ bestimmen. Es ist aber HbZ (als äußerer Winkel des Dreiecks Cdb) = 90° + x; man findet also die Weite, bis zu welcher sich der scheinbare Horizont am Himmel erstreckt, wenn man die Weite des irdischen Horizontes, in Graden ausgedrückt, zu 90° hinzu addirt.

52. Zieht man durch den Mittelpunkt C die Linie CH′ parallel mit bH, so ist der Winkel H′CZ = HbZ; und folglich ZH′ der Bogen des Himmels, welcher die Weite des scheinbaren Horizontes am Himmel mißt, oder es ist H′ der äußerste Punkt am Himmel, welchen man von b aus sehen kann. Auch ist der Winkel H′CZ = H′Cd + dCZ = 90 + x, also eben so groß, als im vorigen §. die Weite des scheinbaren Horizontes am Himmel bestimmt wird.

53. Es ist offenbar, daß, je höher der Punkt b liegt, desto weiter sich auch der scheinbare Horizont, sowohl auf der Erde als am Himmel, erstreckt. Folglich wird der Winkel x desto größer, je größer h wird, wie sich aus den Formeln für den Cosinus und für die Tangente desselben (§. 50.) ergiebt.

54. Den wahren Horizont von b findet man, wenn man durch b eine Parallele bf mit der Tangente in a zieht. Der Winkel fbZ ist also ein rechter, und der Bogen Zf ist sein Maaß, insofern man wiederum Cb als verschwindend gegen bf betrachtet. Man kann sich daher auch gleich aus dem Mittelpunkt C eine Linie Cf′ parallel mit bf gezogen denken, so ist f′ der Punkt, durch welchen der wahre Horizont von b geht, und Zf′ ist ein Quadrant. Daher ist der wahre Horizont

jederzeit ein größter Kreis der Himmelskugel; folglich wird diese durch ihn halbirt.

55. Wenn b und a zusammenfallen, oder wenn der Punkt b in der Oberfläche der Erdkugel selbst liegt, so fallen auch bf und bH zusammen, oder, der wahre und der scheinbare Horizont sind eins. Wächst aber ab, so wächst nur die Weite des scheinbaren Horizonts, der wahre hingegen bleibt unverändert.

56. Von einem jeden Punkt der Erdoberfläche also kann man, wofern keine irdischen Gegenstände im Wege stehen, wenigstens die Hälfte der Himmelskugel übersehen; ist aber dieser Punkt noch merklich über der eigentlichen Kugelfläche erhaben, so ist der Theil des Himmels, den man von dort aus übersehen kann, noch größer als die Halbkugel.

57. Dieß läßt sich noch auf einem andern Wege darthun. Man ziehe um C (12. Fig.) verschiedene concentrische Kreise, und durch zwei entgegengesetzte Punkte A und B des innersten Kreises, die Tangenten MN und RS, so fassen diese von dem nächsten Kreise die Bogen ab und a′b′, von dem darauf folgenden die Bogen cd und c′d′, von dem dritten die Bogen MR und NS zwischen sich. Betrachtet man aber die Winkel, die diesen Bogen zugehören,

wie aCb, cCd, MCR, so zeigt sich, daß sie desto kleiner werden, je größer der Halbmesser des Kreises ist; und eine leichte Rechnung lehrt, daß, wenn CM 412530 mal so groß als der Halbmesser des innersten Kreises ist, der Winkel MCR sich bis auf eine Secunde verkleinert. Alsdann macht der Bogen MZN einen halben Kreis weniger einer Secunde aus. Nun denke man sich unter dem innersten Kreise die Erde, und unter dem äußersten den Himmel, so stellt MN den Durchmesser des wahren Horizontes für den Punkt A vor, und dann ist der Bogen des Himmels MZN, den man von A aus übersieht, einem Halbkreise weniger einer Secunde gleich, wofern der Halbmesser der Himmelskugel den der Erdkugel 412530 mal an Größe übertrifft. Wir wissen aber, daß der Halbmesser der Himmelskugel in der That noch viel größer ist, als hier vorausgesetzt wird; folglich ist auch der Bogen MZN um viel weniger noch als eine Secunde von einem halben Kreise unterschieden; er kann also dem halben Kreise selbst für gleich geachtet werden.

Man kann sich vorstellen, als schnitten sich hier die parallelen Linien MN und RS im Unendlichen und zwar auf beiden Seiten.

58. Denkt man sich darauf einen Punkt über A, und einen andern über B, wenn auch nur in geringer Entfernung, so werden die Tangenten von diesen

Punkten an die Kugel gegen einander convergent, und schneiden sich folglich noch ehe sie die Himmelskugel erreichen. Man muß daher aus diesen Punkten mehr als die Hälfte der Himmelskugel übersehen.

Nimmt man an, daß die Erhöhung über A und B auch nur $\frac{1}{1000}$ einer Meile, also etwa 20—24 Fuß, betrage, so schneiden die Tangenten einander schon in einer Entfernung von ungefähr 680 Erdhalbmessern, während der Halbmesser der Himmelskugel selbst, gegen zehntausend Millionen Erdhalbmesser beträgt; und der sichtbare Theil der Himmelskugel ist alsdann auf jeder Seite um 10 Minuten größer als die Halbkugel.

59. Der wahre Horizont wird für jeden Punkt A (13. Fig.) in der Oberfläche der Erdkugel durch die Ebene bestimmt, die man sich durch den Mittelpunkt der Kugel mit der Tangential-Ebene in A parallel gelegt vorstellt, und ändert sich folglich, so wie die Lage von A auf der Kugel selbst sich ändert. Jeder Ort hat also einen andern Horizont. Kommt es darauf an, die Lage desselben durch Zeichnung zu finden, z. B. für den Punkt A, so ziehe man den Halbmesser CA, und auf diesen durch C die Linie HR senkrecht; alsdann ist dieses der Durchmesser des wahren Horizontes, wenn der äußere Kreis den Himmel vorstellt.

Wenn in dem Folgenden vom Horizont eines Ortes, ohne weitern Beisatz, gesprochen wird, so ist immer der wahre zu verstehen.

60. Verlängert man den Halbmesser CA (13. Fig.) bis an den Himmel, so ist der Punkt Z, in welchem er diesen trifft, das Zenith oder der Scheitelpunkt des Ortes A. Es ist folglich der höchste Punkt am Himmel über dem Horizonte des Ortes, und liegt in der Mitte der durch den Horizont HR begrenzten Halbkugel HZR. Ihm entgegengesetzt ist in der andern Hälfte der Himmelskugel das Nadir oder der Fußpunkt Y. Zenith und Nadir sind die Pole des wahren Horizontes eines Ortes. Denkt man sich daher größte Kreise durch sie gezogen, so stehen diese auf dem Horizont senkrecht. Folglich mißt derjenige Bogen eines solchen Kreises, der zwischen ein Gestirn und den Horizont fällt, den Abstand des Gestirns vom Horizont oder seine Höhe (elevatio). Die Kreise selbst heißen Scheitelkreise. Und unter diesen wird derjenige, welcher in die weiter unten (§. 80.) zu bestimmenden Punkte des Horizontes, den wahren Morgen- und Abendpunkt trifft, der erste Scheitelkreis (verticalis primarius) genannt.

61. Kreise, die man sich in verschiedenen Höhen dem Horizonte parallel gezogen denken kann, heißen Höhenkreise (Almukantharat). Sie sind in Beziehung auf den Horizont, was die Parallelkreise in Beziehung auf den Aequator sind.

Kennt man die Höhe eines Gestirns über dem Horizont eines Ortes, so kennt man den Höhenkreis, in welchem es sich befindet. Seine Stelle in dem Höhenkreise wird durch das Azimuth bestimmt, dessen Bedeutung weiter unten (§. 78.) erklärt wird.

62. Ein großer Theil der Erscheinungen am Himmel hängt von der Lage des Horizontes gegen die Himmelskugel, oder von der Lage der Weltpole und des Aequators gegen den Horizont ab. Denkt man sich einen Erdbewohner unter einem der beiden Pole, so liegt der korrespondirende Pol des Himmels gerade in seinem Zenith, und der Aequator des Himmels fällt mit dem Horizont zusammen, so wie die Parallelkreise mit den Höhenkreisen zusammenfallen. Bei der scheinbaren Umdrehung des Himmels müssen ihm daher die Gestirne lauter Parallelkreise mit dem Horizont zu beschreiben scheinen, die näher nach dem Zenith oder nach dem Pol hin immer kleiner werden. Hier findet kein Auf- oder Untergehen der Gestirne statt, und dem Bewohner des Nordpols der Erde kommen nur die Gestirne der nördlichen Halbkugel des Himmels, so wie dem Bewohner des Südpols nur die Gestirne der südlichen Halbkugel zu Gesichte. Diese Ansicht des Himmels wird die parallele Himmelskugel (sphaera parallela) genannt.

63. Versetzen wir uns dagegen an irgend eine Stelle des Aequators, so geht der Aequator des Himmels durch unser Zenith, und steht daher senkrecht auf dem Horizonte. Folglich stehen auch alle Parallelkreise senkrecht auf demselben, und da der Horizont die Himmelskugel halbirt, so fällt die eine Hälfte eines jeden dieser Kreise über, die andere unter den Horizont; die Weltpole aber liegen in dem Horizonte selbst. Es sei z. B. a (Fig. 14.) ein Ort unter dem Aequator der Erde, so ist A das Zenith desselben und zugleich ein Punkt im Aequator des Himmels; denn die Ebenen des Erd- und Himmels-Aequators fallen zusammen. N S ist der Durchmesser des wahren Horizonts und zugleich die Weltachse, folglich N der eine, und S der andere Weltpol; A Q stellt den Durchmesser des Aequators vor, und l m, o p, r t, u z sind Durchmesser von Parallelkreisen am Himmel. So wie diese von dem Durchmesser des Horizonts halbirt werden, so werden ihre Kreise von dem Horizonte selbst halbirt.

64. Bei der Umdrehung des Himmels in dieser Lage steigen also die Gestirne auf der einen Seite senkrecht über den Horizont herauf, und auf der andern eben so unter denselben hinunter; die eine Hälfte ihres Laufes fällt über, die andere unter den

Horizont, und während einer Umdrehung des Himmels werden alle Gestirne am ganzen Himmel in a sichtbar. Hierbei ist es einerlei, an welcher Stelle des Aequators man den Punkt a annimmt, denn an jeder Stelle desselben erscheinen die Himmelskörper während einer Umdrehung des Himmels auf einerlei Weise. Diese Erscheinung des Himmels aber heißt die senkrechte Himmelskugel (sphaera recta).

65. Denken wir uns endlich, daß jemand auf der Erde von dem Aequator nach einem der beiden Pole, z. B. gegen den Nordpol hin, reise, so wird er den Nordpol des Himmels, vermöge der Kugelgestalt der Erde, sich in eben dem Maaße über seinen Horizont erheben sehen, als er sich auf seinem Wege von dem Aequator entfernt. Nehmen wir nun an, er wäre von a (15. Fig.) bis nach z gekommen, und hätte sich also um den Bogen az, der das Maaß des Winkels x ist, von dem Aequator aq entfernt, so stellt Z sein Zenith, HR den Durchmesser seines Horizonts, AQ den Durchmesser des Aequators am Himmel, NS die Weltachse und N den Nordpol vor. Der letztere erhebt sich über den Horizont um den Bogen NR oder um den Winkel y; und dieser heißt die Polhöhe des Ortes z Es ist aber der Winkel ZCR oder o + y = einem

rechten; und eben so groß ist der Winkel ACN oder $x + o$; folglich ist

$$o + y = x + o$$

und daher

$$x = y.$$

Da nun x den Abstand des Ortes vom Aequator d. i. die geographische Breite desselben ausdrückt, so erhellet, daß diese der Höhe des Pols über dem Horizonte des Ortes gleich ist, und daher werden Polhöhe und geographische Breite oft für gleichbedeutend gesetzt.

Man darf jedoch nicht vergessen, daß Polhöhe und geographische Breite nur den Graden nach einander gleich sind, und daß beide ganz verschiedene Dinge bezeichnen: jene, den Abstand des Weltpols vom Horizont, der bei der unermeßlichen Entfernung des Himmels sich gar nicht nach Meilen bestimmen läßt; diese den Abstand eines Ortes vom Erdäquator, der leicht in Meilen geschätzt werden kann, wenn man auf jeden Grad deren 15 rechnet.

66. Hierbei verdient auch noch der Winkel, unter welchem Aequator und Horizont einander schneiden, nämlich ACH oder u, bemerkt zu werden. Es ist nämlich $u + x =$ einem rechten, und da $x = y$ ist, so ist auch $u + y =$ einem rechten; folglich ist u der Ergänzungswinkel der Polhöhe zu einem rechten. Wenn daher einer von beiden

bekannt ist, so kann auch der andere als bekannt angesehen werden.

67. Dreht sich nun der Himmel um seine Achse NS, so scheinen alle Gestirne, da sie dem Aequator parallel gehen, sich in Kreisen zu bewegen, die gegen den Horizont dieselbe Neigung wie der Aequator haben. Sie steigen also in schiefer Richtung über den Horizont herauf, und unter denselben herab. Daher heißt diese Stellung des Himmels gegen den Horizont die schiefe Himmelskugel (sphaera obliqua).

68. In diesem Fall durchlaufen nur diejenigen Gestirne, die sich gerade im Aequator des Himmels befinden, die Hälfte ihrer Bahn über dem Horizont, und die Hälfte unter demselben. Denn Aequator und Horizont, als größte Kreise der Kugel, halbiren einander. Diejenigen Gestirne hingegen, welche in der nördlichen Halbkugel des Himmels stehen, beschreiben mehr als die Hälfte ihres Kreises über dem Horizont; ja diejenigen unter diesen, die von dem Nordpol um weniger als die Polhöhe abstehen, machen ihren ganzen Lauf über dem Horizont, indem sie diesen gar nicht erreichen; sie gehen also weder auf noch unter.

Umgekehrt ist es mit den Gestirnen in der südlichen Halbkugel beschaffen: sie beschreiben weniger als die Hälfte ihres Kreises über dem Horizonte; und diejenigen unter ihnen, die von dem Südpol um weniger als die Polhöhe abstehen, erheben sich nicht bis über den Horizont, sondern vollenden ihren Lauf unter demselben.

Dieß kann durch die 16te Figur noch besonders erläutert werden, in welcher H R wieder den Horizont, A Q den Aequator, N und S die Pole vorstellen. Denkt man sich Sterne in b, d, k, so sind b c, d e, k l die Durchmesser ihrer Kreise; und so wie b f größer ist als f c; d i größer als i e, so sind auch von den ihnen zugehörigen Kreisen diejenigen Theile, welche über den Horizont fallen, größer, als die, welche unter demselben liegen. k l fällt ganz über den Horizont, folglich auch der ihr zugehörige Parallelkreis. Umgekehrt verhält es sich mit den Parallelen g h, m r, s t auf der andern Seite des Aequators A Q.

Hiernach ist es leicht zu beurtheilen, wie sich einem Erdbewohner in der südlichen Halbkugel zwischen dem Aequator und dem Südpol der Himmel und der Lauf der Gestirne darstellen müsse.

69. Die Beschaffenheit der schiefen Himmelskugel ändert sich, wenn die Breite des Ortes, in welchen man den Zuschauer versetzt, sich ändert; hingegen macht ein Unterschied in der Länge zweier Orte von gleicher Breite keinen Unterschied in der Art, wie uns der Himmel daselbst erscheint. Denn in allen Punkten desselben Parallelkreises

bekommt man, während einer Umdrehung des Himmels, dieselben Gestirne und in derselben Lage gegen den Horizont zu Gesichte.

70. Diejenige Seite des Horizontes, auf welcher, bei der senkrechten und schiefen Himmelskugel, die Gestirne aufgehen, heißt die östliche oder die Morgenseite; und diejenige, auf welcher sie untergehen, die westliche oder die Abendseite. Der Bogen, welchen ein Gestirn über dem Horizont eines Ortes beschreibt, heißt sein Tagebogen. In der Mitte desselben erreicht es seine größte Höhe über dem Horizont. Denn es sei AEBF (17. Fig.) der Horizont, ACB der Tagebogen eines Gestirns, und der Neigungswinkel seiner Ebene gegen die Ebene des Horizontes sei $= x$; ferner heißt p ein Perpendikel von irgend einem Punkte des Bogens ACB auf AB, als die Durchschnittslinie beider Ebenen, so drückt $p \sin x$ die Höhe dieses Punktes über der Ebene des Horizontes aus. Je größer also p ist, desto größer ist die Höhe des Punktes, aus welchem p gezogen ist. Unter allen Perpendikeln aber, die von dem Tagebogen auf AB gezogen werden mögen, ist das Perpendikel aus der Mitte des Bogens das größte; folglich liegt der Punkt der Mitte unter allen Punkten des Bogens ACB am höchsten über der Horizontalebene.

1) Es sei CDE der Neigungswinkel = x und CG ein Perpendikel auf die Ebene des Horizontes, welches die Höhe des Punktes C bestimmt, so ist CD : CG = 1 : sin x; folglich CG = CD. sin x. Ist aber C die Mitte des Bogens ACB, so ist CD das größte unter allen Perpendikeln von dem Bogen auf AB, wie sich leicht aus geometrischen Gründen darthun läßt.

2) Diejenigen Gestirne, welche keinen festen Standpunkt am Himmel haben, sondern denselben beständig ändern, wie die Sonne, der Mond und die Planeten, beschreiben ihre Tagebogen nicht genau in einem Parallelkreise, und erreichen daher auch nicht gerade in der Mitte desselben ihre größte Höhe.

71. Wenn in der 18ten Figur AEBF wiederum den Horizont, ACB den Tagebogen eines Gestirns, C die Mitte des Bogens, und CDE den Neigungswinkel seiner Ebene gegen die Ebene des Horizontes vorstellt, so steht ED auf der Mitte der Sehne AB senkrecht, und geht folglich durch den Mittelpunkt O des Horizontes, oder trifft verlängert in denselben. Legt man daher eine Ebene durch EF, so giebt ihr Durchschnitt mit der Fläche der Himmelskugel einen größten Kreis. Geht diese Ebene zugleich durch den Punkt C, so steht sie sowohl auf dem Horizonte, als auf der Ebene des Tagebogens senkrecht, weil AB auf ED und CD, folglich auch auf der durch EDC gelegten Ebene senkrecht ist, und die Ebenen des Horizontes und des Tagebogens durch

AB gelegt sind. Alsdann aber geht der größte Kreis, der aus dem Durchschnitt jener Ebene mit der Himmelskugel entsteht, durch den Pol des Horizontes, d. i. durch das Zenith Z, und — da die Ebene auch auf dem Aequator, welchem die Tagebogen parallel laufen, senkrecht steht — zugleich durch den Weltpol P. Es giebt also einen größten Kreis, FPZE, der durch den Weltpol und das Zenith geht, und die Tagebogen der Gestirne in ihrem höchsten Punkt durchschneidet oder sie halbirt, und dieser Kreis heißt der Meridian oder Mittagskreis des Ortes, auf dessen Horizont sich das Zenith und die Tagebogen beziehen.

Ueber die mathematischen Sätze, welche hier vorausgesetzt werden, vergl. mein Lehrbuch der Math. an mehrern Stellen in Geom. 122, 2. Zus. 246, 2. Zus. 189. 190. 250.

72. Die Größe des Tagebogens eines Gestirns hängt von zwei Stücken ab: 1) von dem Stande des Gestirns gegen den Aequator des Himmels, d. i. von seiner Abweichung, 2) von der Lage des Ortes gegen den Aequator der Erde, oder von seiner Polhöhe. Nimmt man an, es sei HCR (19. Fig.) der Horizont eines Ortes, HPRS sein Meridian am Himmel, PR die Polhöhe, ACQ der Aequator, und ein Gestirn bewege sich in dem Parallelkreise mn, so ist rm der halbe Tagebogen

desselben. Man ziehe darauf den Abweichungskreis P r g, so sind g A und r m ähnliche Bogen, und g A ist das Maaß des sphärischen Winkels A P g oder H P r. Es ergiebt sich also aus der Größe dieses Winkels die Größe des halben Tagebogens. Nun ist in dem rechtwinklich-sphärischen Dreiecke H P r die Seite H P = H P R — P R d. i. 180° — Polhöhe, und P r = P g — r g d. i. 90° — Abweichung. Man setze also die Polhöhe des Ortes = P, die Abweichung des Gestirns = D, den Winkel H P r oder den halben Tagebogen = x, so ist

$$\text{Cos } x = \frac{\text{tg } HP}{\text{tg } Pr} = \frac{-\text{tg } P}{\text{cot } D} = -\text{tg } P.\ \text{tg } D.$$

(Vergl. das angef. Lehrb. Geom. 320. Nr. 3.) Der negative Werth für Cos x zeigt an, daß x größer als 90° ist. Befindet sich dagegen das Gestirn auf der andern Seite des Aequators, z. B. in dem Parallel o p, so ist o s der halbe Tagebogen und P s = P f + f s = 90 + D, folglich tg P s = — cot D und daher

$$\text{Cos } HPs = \frac{-\text{tg } P}{-\text{cot } D} = \text{tg } P.\ \text{tg } D$$

also der Winkel H P s oder der Bogen o s kleiner als 90°.

73. Bei dieser Berechnung ist keine Rücksicht auf die Strahlenbrechung in der Atmosphäre genommen. Durch diese wird der Tagebogen noch

etwas vergrößert; denn ein Gestirn erscheint dadurch dem Auge zur Zeit des Aufgangs schon im Horizont, wenn es sich wirklich noch unter demselben befindet. Gesetzt ein Gestirn werde, wenn es sich noch in e (20. Fig. in welcher übrigens die mit der vorigen Figur übereinstimmenden Linien und Buchstaben auch gleiche Bedeutung wie dort haben) befindet, durch die Strahlenbrechung in den Horizont erhoben, so ist es so gut, als ob sein halber Tagebogen em wäre, dessen Größe durch den sphärischen Winkel APe oder ZPe gefunden wird. Man ziehe also aus dem Zenith Z den Scheitelkreis Zbe, und setze die Größe der Strahlenbrechung $be = R$, so ist in dem sphärischen Dreieck PZe die Seite $Ze = 90 + R$; $ZP = 90 - P$; $Pe = 90 - D$ und daher

$$\text{Cos}\, ZPe = \frac{\text{Cos}\,(90 + R) - \text{Cos}\,(90 - P).\ \text{Cos}\,(90 - D)}{\text{Sin}\,(90 - P).\ \text{Sin}\,(90 - D)}$$

$$= \frac{-\text{Sin}\, R}{\text{Cos}\, P.\ \text{Cos}\, D} - \text{tg}\, P.\ \text{tg}\, D.$$

Die Strahlenbrechung, die jederzeit in der Nähe des Horizontes am stärksten ist, und in größern Höhen immer mehr abnimmt, ist weder an allen Orten der Erde, noch zu allen Zeiten gleich groß, und die Astronomen wenden viele Mühe darauf, sie genau zu bestimmen. In den gemäßigten Klimaten beträgt sie am Horizont ungefähr 33 Minuten.

74. Aus der Größe des Tagebogens eines Gestirns findet man, wie lange Zeit es über dem Horizonte des Ortes verweilt. Man hat nämlich durch vielfache und sorgfältige Beobachtungen gefunden, daß die Umdrehung des Himmels gleichförmig geschieht. Kennt man also die Zeit, in welcher die ganze Umdrehung vollendet wird, so kann man durch eine bloße Regel de tri die Zeit, welche einem gewissen Bogen zugehört, finden. Man nennt aber die Zeit, welche zu einer Umdrehung des Himmels erfordert wird, einen Tag der ersten Bewegung, einen Sternentag, und theilt sie in 24 Stunden, die Stunde in 60 Minuten, die Minute in 60 Secunden ein. Daher heißt diese Bewegung auch die tägliche Bewegung des Himmels.

Die Beobachtungen, wodurch man sich überzeugt, daß die Bewegung des Himmels gleichförmig ist, bestehen darin, daß man den Lauf irgend eines Sterns mit dem Gange einer guten Uhr vergleicht. Es zeigt sich dann immer, daß er in gleichen Zeiten gleiche Bogen beschreibt. Auch kann man durch Beobachtungen mit einer parallaktischen Maschine unmittelbar, oder bei andern Arten der Beobachtung durch Rechnung finden, daß die Bogen, die ein Stern in verschiedenen Zeiten beschreibt, den Zeiten proportionirt sind.

Durchläuft ein Himmelskörper den ganzen Kreis in 24 Stunden, so durchläuft er

in 1 Stunde Zeit . . 15 Grad im Bogen
in 4 Minuten — . . 1 Grad — —
in 1 Minute — . . 15 Minuten —
in 4 Secunden — . . 1 Minute —
in 1 Secunde — . . 15 Secunden —

Hieraus erklärt sich, was man bei der täglichen Bewegung der Himmelskörper unter Verwandelung der Bogen in Zeit und umgekehrt, versteht.

75. Setzt man die Sonne an die Stelle eines Sterns, so ergiebt sich aus der Größe ihres Tagebogens die Länge des Tages an einem Orte. Und weil es an einem Orte Mittag ist, wenn die Sonne durch den Meridian desselben geht, so hat dieser Kreis eben daher seinen Namen erhalten. Indessen ist schon vorhin (§. 70, 2.) bemerkt worden, daß die Sonne und einige andere Himmelskörper, die ihren Standpunkt am Himmel beständig ändern, sich nicht genau in einem Parallelkreise bewegen, und daher paßt der Ausdruck für den Tagebogen eines Fixsterns nicht genau für den Tagebogen dieser Himmelskörper.

Aus der beständigen Aenderung in der Abweichung der Sonne entspringt die Ungleichheit in der Länge der Tage an demselben Orte.

76. So wie man aus dem Tagebogen eines Gestirns die Zeit seines Verweilens über dem Horizont eines Ortes finden kann, so kann man über-

haupt aus dem Bogen des Aequators, der zwischen den Meridian eines Ortes und den Abweichungskreis des Gestirns fällt, die Zeit bestimmen, die das Gestirn noch bis zu seinem Eintritt in den Mittagskreis gebraucht, oder die seit seinem Durchgang durch denselben verflossen ist. Denn man denke sich, es sei ein Gestirn in S (21. Fig. in welcher wiederum die Linien und Buchstaben dieselbe Bedeutung wie in den beiden vorigen Figuren haben), und der Bogen Sm der Weg desselben bis zum Meridian, oder vom Meridian bis zu ihm, so sind Sm und DA ähnliche Bogen; gesetzt ein jeder derselben halte n Grade, so giebt die Regel de tri

$$360^\circ : n^\circ = 24 \text{ St.} : x$$

die Zeit, in welcher der Stern den Bogen Sm durchläuft. Es ist aber AD das Maaß des sphärischen Winkels APD, und daher heißt dieser der Stundenwinkel des Sterns S, so wie der Bogen AD sein Abstand vom Mittagskreise.

Der Durchgang eines Gestirns durch den Meridian heißt seine Culmination.

77. Durch den Meridian eines Ortes wird die Himmelskugel in zwei Hälften getheilt, deren Unterscheidung in Absicht auf die tägliche Bewegung der Himmelskörper wichtig ist; in der einen gehen die Gestirne auf, und steigen immer höher über den

Horizont empor; in der andern senken sie sich wieder gegen oder unter denselben herab. Jene heißt daher die östliche, diese die westliche Halbkugel. Hiernach unterscheidet man, wenn von dem Abstande eines Sterns vom Mittagskreise die Rede ist, den östlichen und westlichen Abstand, je nachdem der Stern sich auf der östlichen oder westlichen Seite vom Mittagskreise befindet.

78. Eine gleiche Unterscheidung findet in Absicht des Winkels HZB (21. Fig.) statt, welchen der Scheitelkreis ZSB mit dem Meridian macht, und welchen man das Azimuth des Sterns S nennt. Es ist östlich, wenn der Stern sich in der östlichen, und westlich, wenn er sich in der westlichen Halbkugel befindet. Das Maaß dieses Winkels ist der Bogen HB, des Horizontes, der zwischen den Meridian und den Scheitelkreis fällt. Es ist leicht einzusehen, daß durch das Azimuth eines Sterns, verbunden mit der Höhe desselben, sein Stand über dem Horizont völlig bestimmt ist. Denn durch die Höhe BS wird der Höhenkreis ht, in welchem sich das Gestirn befindet, und durch das Azimuth der Bogen hS, der dem Bogen HB ähnlich ist, folglich der Punkt S selbst bestimmt.

In dem sphärischen Dreiecke PZS ist ZP die Ergänzung der Polhöhe; SP die Ergänzung der Abweichung; ZS die Ergänzung der Höhe; der Winkel bei P der

Stundenwinkel; und der Winkel bei Z der Nebenwinkel des Azimuths. Wenn daher von den fünf Stücken: Polhöhe, Abweichung, Höhe, Stundenwinkel und Azimuth je dreie gegeben sind, so lassen sich die beiden andern daraus finden.

79. Der Meridian, durch welchen die Himmelskugel halbirt wird, durchschneidet auch den Horizont in zwei entgegengesetzten Punkten, R und H (21. Fig.), die auf entgegengesetzte Seiten des Aequators, AQ, fallen. Ist P der Nordpol, so heißt der Punkt R, der in die nördliche Halbkugel fällt, der wahre Norden oder Mitternacht, und der Punkt H, der in die südliche Halbkugel fällt, der wahre Süden oder Mittag. Die gerade Linie zwischen beiden, oder die Durchschnittslinie der Ebenen des Meridians und des Horizontes heißt die Mittagslinie; und so wird dann auch jede längere oder kürzere gerade Linie, die mit dieser parallel geht, oder nach jenen beiden Punkten gerichtet ist, genannt.

80. In einer Entfernung von 90 Graden von den gedachten Punkten liegt im Horizont auf der östlichen Seite des Himmels der wahre Osten oder Morgen, und auf der westlichen Seite der wahre Westen oder Abend. Diese Punkte machen die Pole des Mittagskreises aus, da sie als Punkte des Horizontes auch vom Zenith,

durch welches der Mittagskreis geht, 90 Grade abstehen. Da nun der Mittagskreis auf dem Aequator senkrecht steht (§. 71.), so geht dieser durch die Pole von jenem. Die Pole des Mittagskreises liegen also eben sowohl im Horizont als im Aequator; folglich sind der wahre Morgen und Abend eben diejenigen Punkte, in welchen der Horizont und der Aequator einander durchschneiden.

Es ist oben (§. 60.) bemerkt worden, daß der erste Scheitelkreis in den wahren Morgen- und Abendpunkt trifft; daher werden diese Punkte auch oft mit dem Namen *des ersten Vertikals* bezeichnet.

81. Die genannten vier Punkte: *Norden*, *Süden*, *Osten* und *Westen* heißen die *vier Weltgegenden*, auch die *Cardinalpunkte des Horizontes*. Sie dienen zur Bestimmung der Lage oder des Ortes irgend eines Gegenstandes oder einer Erscheinung in Rücksicht auf den Horizont. Zu diesem Zweck hat man auch die zwischen diese Punkte fallenden Bogen des Horizontes, durch fortgesetzte Halbirungen noch weiter eingetheilt, und dadurch noch 28 Punkte erhalten. Diese sind: 1) Nordost, Nordwest, Südost, Südwest; 2) Nord Nordost, Ost Nordost, Nord Nordwest, West Nordwest, Süd Südost, Ost Südost, Süd Südwest, West Südwest; 3) N $\frac{1}{4}$ NO, NO $\frac{1}{4}$ N; O $\frac{1}{4}$ NO, NO $\frac{1}{4}$ O; N $\frac{1}{4}$ NW, NW $\frac{1}{4}$ N; W $\frac{1}{4}$ NW, NW $\frac{1}{4}$ W; S $\frac{1}{4}$ SO,

SO $\frac{1}{4}$ S; O $\frac{1}{4}$ SO, SO $\frac{1}{4}$ O; S $\frac{1}{4}$ SW, SW $\frac{1}{4}$ S; W $\frac{1}{4}$ SW, SW $\frac{1}{4}$ W. (Vergl. die 22. Figur.)

1) Da die Schiffer die Richtung des Windes nach der Gegend des Horizontes, aus welcher er weht, bestimmen, so haben sie die angeführte Eintheilung auf ihren Kompassen unter dem Namen einer Windrose verzeichnet. Daselbst sind auch wohl die Bogen noch einmal halbirt, und folglich 64 Punkte des Horizontes bestimmt.

2) Unter den Polen kann der Horizont nicht auf die Art wie anderwärts eingetheilt werden. Denn da hier kein Auf- und Untergang der Gestirne statt findet, so giebt es auch kein Osten und Westen; und da Zenith und Weltpol zusammenfallen, so ist jeder Scheitelkreis ein Meridian, folglich in allen Punkten des Horizontes Norden und Süden.

82. Da die Ebene des Meridians eines Ortes A (13. Fig.) durch das Zenith desselben Z, durch den Weltpol P, und durch den Mittelpunkt C, der Erd- und Himmelskugel geht (§. 71.), und da das Zenith in dem verlängerten Erdhalbmesser C A (§. 60.), der Weltpol in der verlängerten Erdachse n s liegt, so fällt der Erdhalbmesser und die Erdachse in die Ebene des Meridians; folglich fällt auch die Ebene des ganzen Kreises n A s mit der Ebene des Meridians zusammen. Es ist aber n A s der irdische Meridian des Ortes A (§. 26.); folglich fällt die Ebene des irdischen Meridians mit der Ebene des Meridians am Himmel zusammen. Man

kann sich daher auch vorstellen, daß der letztere entstehe, wenn sich die Ebene des erstern bis an den Himmel erweitert. Beide Meridiane stehen also in genauer Verbindung mit einander, und man kann eine Mittagslinie auch als einen Theil des Erdmeridians betrachten, insofern ein kleiner Bogen dieses Kreises als eine gerade Linie angesehen werden kann.

83. Die Linie C Z (13. Fig.) steht auf der Erdfläche in A senkrecht. Eben diese Linie aber fällt mit der Richtung eines Lothes, das über A aufgehängt wird, zusammen; folglich geht die Richtung der Schwere senkrecht auf die Oberfläche der Erdkugel. Daher liegt, bei aufrechter Stellung unsers Körpers, der Scheitelpunkt gerade über unserm Kopf, und der Fußpunkt unter unsern Füßen. Denken wir uns folglich ein paar Erdbewohner gerade an den entgegengesetzten Enden desselben Erddurchmessers, z. B. in A und B, oder in h und r, so stehen sie mit ihren Füßen gegen einander gekehrt, und heißen daher Gegenfüßler (antipodes). Dieselbe Gegend des Himmels also, die über dem Haupte der einen liegt, fällt unter die Füße der andern, und was jenen oben ist, ist diesen unten. Ueberhaupt bestimmen zwei gerade Linien aus dem Mittelpunkt der Erde durch zwei Orte der Erdfläche gezogen, die Richtung ihrer Bewohner gegen einander;

und es ist leicht einzusehen, daß in dieser Rücksicht Winkel von jeder Größe statt finden. Bewohner, die auf entgegengesetzten Seiten desselben Parallelkreises wohnen, heißen Nebenwohner (perioeci); und solche, die unter demselben Meridian in entgegengesetzten Breiten wohnen, Gegenwohner (antoeci).

Daß die Richtung der Schwere auf die Oberfläche der Erde senkrecht geht, lehrt nicht nur die Erfahrung, sondern auch die Theorie. Der Winkel vom Scheitelpunkt, dessen Lage durch die der Richtung der Schwere entgegengesetzte Linie bestimmt ist, bis zum Horizont ist da, wo die Aussicht nirgends beschränkt ist, nach allen Seiten gleich groß; folglich muß die Scheitellinie senkrecht auf der Erdfläche stehen. Hiervon kann man sich auch dadurch überzeugen, daß die Richtung der Schwere auf die Oberfläche eines stillstehenden Wassers immer senkrecht seyn muß. Denn wirkte die Schwere schief auf das Wasser, so würde sie die Theile desselben seitwärts treiben, folglich würde das Wasser nicht stille stehen. Wir treffen aber überall auf der Erde stillstehendes Wasser an; ja da der größte Theil der Erdkugel mit Wasser bedeckt ist, das zwar nicht im strengsten Sinne stillstehend ist, aber durch andere Ursachen, die sich nachweisen lassen, und zum Theil nach sehr verschiedenen Richtungen in Bewegung gesetzt wird, so folgt, daß die Schwere keinen Antheil an dieser Bewegung hat, und folglich senkrecht auf dasselbe wirken muß. Wirkt sie aber auf die Wasserfläche senkrecht, so thut sie es auch auf das aus dem Wasser hervorragende Land, insofern die Oberfläche desselben auf eben die Art, wie die des Wassers gestaltet ist.

An manchen Orten kann allerdings eine kleine Ablenkung des Loths von der senkrechten Richtung durch eine ungleiche Dichtigkeit in dem Innern der Erde oder durch den Einfluß hoher Gebirge hervorgebracht werden.

84. Der wahre Horizont eines Ortes und alle auf denselben sich beziehenden Punkte und Kreise am Himmel, als Zenith, Nadir, Meridian, Scheitelkreise, nehmen an der scheinbaren Umdrehung des Himmels keinen Antheil, sondern sind als unbeweglich zu betrachten. Man kann sich vorstellen, als drehe sich der Himmel unter ihnen weg, indeß sie selbst unverrückt bleiben. Eben so unveränderlich sind die im Horizont liegenden Punkte: Norden, Süden, Osten, Westen u. s. w. Erinnern wir uns aber, daß eigentlich die Erdkugel sich drehe, indeß die Himmelskugel als ruhend zu betrachten ist, so sind es gerade die genannten Kreise und Punkte, deren Lage sich jeden Augenblick ändert. Das Zenith beschreibt einen Kreis um den zunächst liegenden Weltpol in einem Abstande, welcher dem Ergänzungswinkel der Polhöhe gleich ist. Der wahre Norden und Süden beschreiben Parallelkreise mit dem Aequator, so wie der wahre Osten und Westen den Aequator selbst durchlaufen. Der Meridian und die Scheitelkreise bewegen sich um den ganzen Himmel herum.

Weil wir den irdischen Horizont mit dem am Himmel häufig verwechseln, und jener sich immer gleich bleibt, so halten wir auch diesen für eben so unveränderlich; und die Unveränderlichkeit des irdischen Horizontes ist eine Hauptursache, warum wir die Erde selbst für ruhend halten. Die scheinbare Unbeweglichkeit des Horizontes macht, daß die Lage irdischer Gegenstände gegen den Horizont, aus demselben Standpunkt betrachtet, unveränderlich bleibt, z. B. Fenster eines Hauses, die gegen Morgen gehen, immer diese Lage behalten.

Vierter Abschnitt.

Von den Mitteln, die geographische Breite eines Ortes zu bestimmen und eine Mittagslinie zu ziehen.

85. Die Umdrehung der Erdkugel um sich selbst, von der hauptsächlich die Eintheilung derselben abhängt, verschafft uns auch die Mittel zur Bestimmung der Lage der Oerter in Beziehung auf diese Eintheilung. Die Lage eines Ortes auf der Erdkugel wird, wie oben gezeigt ist, durch seinen Abstand vom Aequator oder seine geographische Breite, und durch den Winkel seines Meridians mit dem ersten Meridian oder seine geographische Länge bestimmt. Jene wird durch den Bogen des Meridians, der zwischen den Ort und den Aequator fällt, gemessen. Es entsteht also die Frage, wie dieser Bogen gefunden werden kann. Eine unmittelbare Messung desselben würde nicht nur mit den größten Schwierigkeiten verbunden, sondern in den meisten Fällen ganz unausführbar seyn, und könnte nie zu Stande gebracht werden, ohne den Himmel zu Hülfe zu nehmen.

86. Die Höhe des Weltpols über dem Horizont

eines Ortes ist, wie schon oben (§. 65.) gelehrt worden, der geographischen Breite des Ortes, nach Graden gerechnet, gleich. Es läßt sich daher die Frage von Bestimmung der geographischen Breite auf eine andere zurückführen, nämlich: wie findet man die Höhe des Weltpols über dem Horizont eines Ortes?

87. Wären die Pole als diejenigen Punkte, um welche sich der Himmel zu drehen scheint, durch irgend ein in die Augen fallendes Merkmahl ausgezeichnet, so würde es leicht seyn ihre Höhe zu messen; dieß ist aber nicht der Fall. In der Nähe des Nordpols findet sich zwar ein ziemlich heller Stern, der Polarstern, er ist aber immer noch über anderthalb Grade von dem Pole selbst entfernt. Man kann also die Polhöhe nicht unmittelbar messen, sondern muß sie aus andern Beobachtungen herleiten.

88. Die Bestimmung der geographischen Breite eines Ortes wird also ein Gegenstand astronomischer Beobachtungen, und es ist daher eigentlich die Sache der Astronomie, die dazu tauglichen Mittel anzugeben. Indessen läßt sich aus dem bisher gesagten leicht zeigen, auf welchem Wege diese Aufgabe gelöst werden könne.

89. Man kann sich dazu 1) solcher Sterne bedienen, die gar nicht untergehen. Beob-

achtet man nämlich ihre größte und kleinste Höhe über dem Horizont, so giebt das Mittel zwischen beiden die Polhöhe. Es sei z. B. HR (Fig. 23.) der Horizont eines Ortes, P der Pol; ein Stern bewege sich in dem Parallel SET, so ist SCR seine größte, TCR seine kleinste Höhe; die Polhöhe PCR aber ist = SCR — SCP, oder, da SCP = PCT ist, so ist

$$PCR = SCR - PCT$$

ingl. ist $PCR = TCR + PCT$

folglich $2\,PCR = SCR + TCR$ und daher

$$PCR = \tfrac{1}{2}(SCR + TCR)$$

2) Kann man solche Sterne anwenden, welche auf- und untergehen, und deren Abweichung bekannt ist. Sucht man nämlich durch Beobachtung die größte Höhe zu finden, die ein solcher Stern über dem Horizont erreicht, so läßt sich daraus der Winkel bestimmen, unter welchem Aequator und Horizont einander schneiden. Es sei z. B. HR (24. Fig.) wiederum der Horizont eines Ortes, AQ der Aequator, PAHQR der Meridian, und ein Stern bewege sich in dem Parallel mn, so ist seine größte Höhe Hm. Ist nun seine Abweichung Am bekannt, so ist Hm — Am = HA, welcher Bogen das Maaß des Winkels ACH ist. Es ist aber, wie oben (§. 66.) erwiesen worden, ACH

der Ergänzungswinkel der Polhöhe, also läßt sich daraus die Polhöhe selbst finden.

Wäre die Abweichung entgegengesetzt, z.B. Ag, so wäre AH = Hg + Ag.

Anstatt die Höhe des Sterns über dem Horizonte zu messen, kann man auch seinen Abstand vom Scheitelpunkt Z nehmen. Dadurch erhält man im erstern Fall den Ergänzungswinkel der Polhöhe, welcher = $\frac{1}{2}$ (TCZ + SCZ) ist (23. Fig.); und im letztern den Bogen Zm oder Zg (24. Fig.). Addirt man aber zu Zm die Abweichung des Sterns Am, oder zieht Ag von Zg ab, so bekommt man den Bogen AZ, welcher der Polhöhe gleich ist.

90. Auch die Sonne kann zur Bestimmung der Polhöhe auf verschiedene Weise gebraucht werden:

1) Befindet sie sich gerade im Aequator — welches zur Zeit der Tag- und Nachtgleichen geschieht — so giebt ihre Höhe AH (24. Fig.) im Meridian oder im Augenblick des Mittags, den Neigungswinkel des Aequators gegen den Horizont, folglich den Ergänzungswinkel der Polhöhe.

2) Steht sie außer dem Aequator, und ist ihre Abweichung bekannt — diese läßt sich aber aus der Theorie ihrer Bewegung berechnen, und findet sich in den astronomischen Jahrbüchern für jeden Tag

angegeben — so kann man aus ihrer Höhe im Meridian so gut als aus der Höhe eines Sterns, dessen Abweichung bekannt ist, die Höhe des Aequators und folglich die Polhöhe finden.

3) Beobachtet man ihre Höhe im Mittag zur Zeit ihrer größten nördlichen, und ihrer größten südlichen Abweichung, d. i. in der Sommer- und in der Winter-Sonnenwende (§. 116.) so giebt das Mittel zwischen beiden wiederum die Höhe des Aequators, weil beide Abweichungen einander gleich sind. Es sei nämlich Am (24. Fig.) ihre größte nördliche, Ag die größte südliche Abweichung, und $Am = Ag$, so ist Hm ihre Höhe in der Sommer-Sonnenwende, und Hg ihre Höhe in der Winter-Sonnenwende. Es ist aber

$$Hm = HA + Am$$

und $$Hg = HA - Ag = HA - Am$$

folglich $$Hm + Hg = 2\,HA$$

und $$\tfrac{1}{2}(Hm + Hg) = HA$$

1) Der halbe Unterschied ihrer größten und kleinsten Höhe im letztern Fall giebt ihre größte Abweichung vom Aequator oder die Schiefe der Ecliptik (vergl. unten §. 103 u. 116.). Denn es ist $Hm - Hg = gm = 2\,Am$; folglich $\tfrac{1}{2}(Hm - Hg) = Am$.

2) Außer den hier angeführten Methoden lehrt die Astronomie noch mehrere andere, mehr oder weniger zu-

sammengesetzte. Man vergl. auch, was oben in der Anmerkung zum §. 78. gesagt ist.

91. So leicht indessen hiernach die Bestimmung der Polhöhe eines Ortes scheinen möchte, so hat die Sache doch in der Ausführung noch ihre bedeutenden Schwierigkeiten. Denn 1) ist es nicht leicht, den Augenblick zu bestimmen, in welchem ein Stern seine größte oder kleinste Höhe erreichte; 2) wird durch die Strahlenbrechung die Größe des Winkels selbst ungewiß. Bei der Sonne macht überdieß ihre beträchtliche scheinbare Größe, ingleichen der Umstand, daß ihre Entfernung von der Erde viel geringer als die der Fixsterne ist, und es daher in Absicht auf ihren scheinbaren Ort am Himmel nicht einerlei ist, ob man sie von der Oberfläche oder aus dem Mittelpunkt der Erde betrachtet — ihre Parallaxe, wie man sagt — noch besondere Vorsichtsmaßregeln nöthig. Ferner wird es sich nicht leicht so treffen, daß der Mittelpunkt der Sonne gerade zur Zeit der Mittags-Beobachtung im Aequator oder in einem der Solstitialpunkte stehe; und endlich ist es nicht in völliger Schärfe wahr, daß die größte nördliche und südliche Abweichung der Sonne gleich sind. Es sind daher bei jeder der angezeigten Beobachtungs-Methoden mancherlei Correctionen erforderlich, deren nähere Bestimmung aber für die Astronomie gehort.

92. Dieselben Methoden, die sich zur Beobachtung der Polhöhe anwenden lassen, können auch zur Bestimmung einer Mittagslinie gebraucht werden. Sie erhalten also dadurch einen neuen Werth, indem sie uns die Kenntniß eines andern, ebenfalls sehr wichtigen, geographischen Arguments verschaffen. Denn von einer richtigen Mittagslinie hängt die richtige Eintheilung des ganzen Horizontes, folglich die richtige Bestimmung der Lage einer ganzen Gegend und ihrer einzelnen Orte ab; und eine Menge geographisch-astronomischer Beobachtungen setzen eine genaue Bestimmung der Mittagslinie oder Mittagsfläche voraus.

93. Wird ein Stern in seiner größten oder kleinsten Höhe beobachtet, so steht er im Meridian. Folglich liegt das Fernrohr, durch welches man ihn beobachtet, in der Mittagsfläche. Läßt man daher von zwei verschiedenen Stellen der Achse desselben ein Loth auf eine horizontale Fläche herabhängen, so bezeichnen die Punkte, in welchen es die Ebene trifft, die Richtung der Mittagslinie.

Tritt die Sonne an die Stelle des Sterns, so bezeichnet der Schatten eines über einer horizontalen Fläche aufgehängten Lothes, im Augenblick ihrer Culmination, die Mittagslinie.

94. Allein die Schwierigkeit, den Augenblick der Culmination eines Gestirns durch unmittelbare Beob-

achtung zu finden, hat gemacht, daß man noch andere Methoden zu Hülfe genommen hat. Bei mehrern derselben hat man correspondirende Höhen, d. h. gleiche Höhen desselben Gestirns vor und nach seiner Culmination nöthig.

Man nehme an, es werde ein Stern vor seiner Culmination in S (25. Fig.) beobachtet, seine Höhe sei AS, und AC sei die Durchschnittslinie der Ebene des Vertikalkreises mit der Ebene des Horizontes, die man, nach der vorhin angegebenen Methode, durch ein paar von dem Fernrohr auf eine horizontale Fläche herabgehende Pendel erhalten kann. Nach der Culmination erreiche der Stern in T dieselbe Höhe BT = AS, und BC sei die Durchschnittslinie der Ebene des Vertikalkreises mit der Ebene des Horizontes, so ist die Linie CM, welche den Winkel ACB halbirt, die Mittagslinie. Denn man denke sich den Meridian durch Z und M gezogen, so wird das östliche Azimuth des Sterns in S durch den Bogen AM, und das westliche des Sterns in T durch den Bogen BM gemessen. Ist nun AS = BT, so ist, nach §. 78. Anmerk., AM = BM, folglich halbirt die Mittagslinie den Winkel ACB.

Bei dieser Methode kommt weder auf die Zeit der Beobachtung, noch auf die Größe der Höhe etwas an, sondern nur darauf, daß beide Höhen einander gleich sind. Man kann daher auch mehrere Höhen desselben Gestirns oder verschiedener Sterne beobachten, und aus jedem correspondirenden Paar derselben auf die gedachte Weise die Mittagslinie bestimmen. Weichen dann die dadurch erhaltenen Linien noch etwas von einander ab, so nimmt man eine mittlere zwischen ihnen.

95. Ein sehr einfaches Verfahren eine Mittagslinie zu erhalten, besteht darin, daß man auf einer feststehenden horizontalen Fläche, die Vor- und Nachmittag dem Sonnenschein ausgesetzt ist, aus einem willkührlich angenommenen Punkte mit einem Zirkel verschiedene concentrische Bogen beschreibt, und in jenem Punkt einen Stift senkrecht auf die Fläche setzt. Alsdann muß man genau beobachten, wann das Schatten-Ende des Stiftes in einen der gezogenen Bogen fällt, und die Schattenlinie bezeichnen. Zu jeder Schattenlinie Vormittags aber kann man eine correspondirende Nachmittags erhalten, die in denselben Bogen fällt, und jede zwei correspondirenden Linien bilden einen Winkel, welcher halbirt die Mittagslinie giebt. Es sei z. B. C (26. Fig.) der Mittelpunkt der concentrischen Bogen AB, DE, FG, die auf der Seite liegen müssen, nach welcher der Schatten hinfällt; in C stehe ein Stift senkrecht auf der Ebene der Bogen, und die Linien CA, CD, u. s. w. bezeichnen die Schattenlinie für den Augenblick, da der Endpunkt des Schattens in den Bogen trifft, so gehören CA und CB zu cor-

respondirenden Sonnenhöhen; desgleichen CD und CE, CF und CG. Die Winkel, welche man halbiren muß, sind also ACB, DCE, FCG. Zwar sollte ein jeder von diesen eigentlich dieselbe Mittagslinie geben, und es wäre daher an einem derselben genug; allein da kleine Abweichungen hierbei unvermeidlich sind, so dient der eine zur Verbesserung des andern, und man nimmt wieder eine mittlere Linie zwischen den gefundenen.

1. Es versteht sich, daß man die Länge des Stiftes und die Größe der Halbmesser der Bogen so wählen müsse, daß das Ende des Schattens die Bogen erreiche; auch ist es gut es so einzurichten, daß der Zeitpunkt der Beobachtung nicht zu nahe am Mittag liegt, weil alsdann die Sonnenhöhe sich nur sehr langsam ändert.

2. Ueberhaupt ist zu bemerken, daß diese Methode, ohne die größte Vorsicht, kaum eine erträgliche Genauigkeit giebt. Denn wegen des Halbschattens ist es schwer, den Augenblick zu bestimmen, da das Ende des Schattens in den Bogen trifft. Ueberdieß macht die scheinbare Bewegung der Sonne in der Ecliptik, daß gleiche Höhen derselben, Vor- und Nachmittag, nicht genau in gleichem Abstande vom Mittagskreise statt finden. Daher es am vortheilhaftesten ist, diese Beobachtungen um die Zeit der Sommer-Sonnenwende anzustellen.

3. Anstatt sich bei der vorbeschriebenen Methode eines Stiftes zu bedienen, ist es besser, die Sonnenstrahlen durch eine kleine Oeffnung in einer lothrechten Fläche fallen zu lassen, und den Augenblick wahrzuneh-

men, da sie in den Bogen treffen. Man beschreibt aber die concentrischen Bogen aus dem Punkte, in welchem ein aus der Oeffnung herabgehendes Loth die Horizontalfläche trifft. Der helle Punkt tritt dann an die Stelle der Schattengrenze, und die gerade Linie von ihm nach dem Mittelpunkt der Bogen giebt die Schattenlinie.

4. Kann man sich durch astronomische Beobachtungen, oder nach den Uhren einer in der Nähe befindlichen Sternwarte, eine richtige Zeitbestimmung verschaffen, so erhält man die Mittagslinie am leichtesten, wenn man den Schatten des vertikalen Stiftes auf der horizontalen Ebene im Augenblick des wahren Mittags verzeichnet.

96. Wenn man durch eine Vorrichtung, wie die zuletzt beschriebene, eine Mittagslinie gefunden hat, so kann man sich derselben auch füglich zur Bestimmung der Polhöhe bedienen. Denn man setze, es sei AB (27. Fig.) der Abstand der Oeffnung von der Horizontalfläche, CB die Mittagslinie, und AC ein Sonnenstrahl, so giebt der Winkel ACB die Höhe der Sonne im Mittag, woraus sich die Höhe des Aequators, und dann die Polhöhe selbst herleiten läßt. Es ist aber

$CB : AB = 1 : \tan ACB$ und daher

$$\tan ACB = \frac{AB}{CB}.$$

Fünfter Abschnitt.

Von der Bewegung der Erde um die Sonne.

97. Außer der täglichen Bewegung, vermöge welcher ein jeder Himmelskörper sich mit der ganzen Himmelskugel herumzudrehen scheint, und die eine Folge von der Umdrehung der Erde um ihre Achse ist, werden wir bei einigen Himmelskörpern noch eine besondere Bewegung gewahr. Wenigstens läßt sich eine Veränderung in ihrer Stellung sowohl gegen die andern Gestirne, als gegen die Erde bemerken, die in derselben Zeit bei einigen mehr, bei andern weniger beträchtlich ist. Vorzüglich verdient die Sonne in dieser Hinsicht unsere Aufmerksamkeit. Von ihr können wir leicht bemerken, daß sie nicht immer an derselben Stelle des Horizontes auf- und untergeht, und daß die Bogen, die sie über dem Horizont beschreibt, zu verschiedenen Zeiten sehr verschieden sind. Dieser Unterschied aber ist von dem wichtigsten Einfluß auf unsere Erde.

98. Um den Weg, welchen die Sonne am Himmel nimmt, kennen zu lernen, müssen wir auf die Gestirne achten, in deren Nähe sie sich befindet.

Bemerken wir daher, was für Gestirne in der Gegend des Himmels, wo die Sonne unterging, nach ihrem Untergange zuerst sichtbar werden, und setzen diese Beobachtungen einige Abende nach einander fort, so zeigt sich, daß diejenigen, die anfangs nach Sonnenuntergang zunächst am Horizonte sichtbar waren, nach etlichen Tagen ganz verschwunden sind, und daß die entferntern sich dem Horizont mehr genähert haben. Mit jedem Tage scheinen die Gestirne etwas weiter gegen Abend vorzurücken, so daß nach einem etwas längern Zeitraum z. B. von etlichen Monaten, ganz andere Gestirne zunächst nach Sonnenuntergang in Westen stehen, als zu Anfange desselben.

99. Achtet man zu gleicher Zeit auf die Gestirne am östlichen Himmel, so wird man finden, daß diejenigen, die sich nach Sonnenuntergang zuerst in der Nähe des Horizontes zeigen, nach einiger Zeit in einer größern Entfernung von demselben zum Vorschein kommen, und andere an ihrer Stelle erscheinen, die vorher um diese Zeit unsichtbar waren.

100. Aehnliche Erscheinungen zeigen sich, wenn man den Himmel vor Sonnenaufgang beobachtet: die Gestirne, die alsdann am westlichen Horizonte zuletzt sichtbar sind, gehen nach einiger Zeit früher unter, und es rücken andere an ihre Stelle; und diejenigen, die zunächst am östlichen Horizonte in

der Morgendämmerung verschwinden, stehen nach einiger Zeit höher, und es sind andere zum Vorschein gekommen, die vorher nicht sichtbar waren.

101. Es hat also, nach allen diesen Erscheinungen, das Ansehen, als ob die Sonne sich am Himmel von Abend gegen Morgen fortbewege. Während sie sich alle Tage mit den übrigen Gestirnen von Morgen gegen Abend am Himmel herumbewegt, rückt sie zugleich gegen diese Richtung etwas gegen Morgen vor. Die erstere Bewegung hat sie mit dem ganzen Himmel gemein — sie wird gleichsam von dem Himmel mit fortgeführt — die letztere ist eine eigenthümliche. Diese doppelte Art der Bewegung kann man sich durch das Beispiel eines Schiffers erläutern, der mit seinem Schiffe stromabwärts geführt wird, während er in dem Schiffe dem Strome entgegen gehen kann.

102. Dieselben Erscheinungen, die uns von dieser zweiten Art der Bewegung der Sonne im Allgemeinen überzeugen, können uns auch dazu dienen, die Zeit zu finden, in welcher die Sonne diesen Weg am Himmel vollendet. Wir dürfen nur die Stelle irgend eines Sterns am westlichen oder östlichen Horizont — zunächst nach Sonnenuntergang oder vor Sonnenaufgang — nebst der Zeit der Beobachtung etwas genauer bestimmen, und dann Acht haben,

wenn derselbe Stern sich zu der nämlichen Tageszeit an derselben Stelle befindet. Diese Beobachtung kann man mit mehrern Sternen und an verschiedenen Tagen versuchen, man wird aus allen beinahe einerlei Resultat erhalten. Wir nennen die Zeit, in welcher die Sonne einen solchen Umlauf vollendet, überhaupt ein Jahr, und in Rücksicht darauf, daß sie in dieser Zeit zu dem nämlichen Fixstern zurückkehrt, ein siderisches Jahr. Die Dauer desselben beträgt etwas über 365 Tage und 6 Stunden.

103. Beobachtet man nun auch den Ort des Horizontes, in welchem die Sonne auf- und untergeht, alle Tage genau, und bemerkt den jedesmaligen Abstand desselben vom wahren Morgen und Abend, so läßt sich daraus der Weg, welchen die Sonne am Himmel zu nehmen scheint, genauer bestimmen. Es findet sich dann, daß er einen größten Kreis am Himmel bildet, der den Aequator unter einem Winkel von beinahe $23\frac{1}{2}$ Grade schneidet. Man nennt ihn die Sonnenbahn oder die Ecliptik, so wie den gedachten Winkel, die Schiefe der Ecliptik.

104. Indessen dürfen wir uns nicht vorstellen, als ob die Sonne sich wirklich in dieser Linie unter den Sternen bewege. So wie wir ihre wahre Entfernung von uns nicht mit den Augen erkennen kön-

nen, und sie daher nach einer gewöhnlichen Täuschung des Gesichts an den Himmel selbst setzen, so können wir auch die wahre Lage ihrer Bahn nicht nach dem Augenschein bestimmen. Jene Linie ist daher nur als die Projection ihrer Bahn auf die Himmelskugel zu betrachten. Sie zeigt uns nur den Weg, welchen die Sonne, von der Erde aus gesehen, am Himmel zu nehmen scheint.

105. Ja es entsteht die Frage: ist diese Bewegung der Sonne nicht überhaupt nur für scheinbar zu halten? Wir sehen zwar die Sonne jeden Tag ihre Stelle am Himmel verändern und in die Nähe anderer Gestirne rücken; wird dieß aber nicht auch geschehen müssen, wenn wir sie täglich aus einem andern Standpunkt betrachten? Man setze, es sei die Sonne in S (28. Fig.), die Erde bewege sich um dieselbe herum in ABCDE und der Kreis abcde stelle den Himmel vor, so erscheint die Sonne von A aus gesehen bei a, von B aus bei b, von C aus bei c u. s. w. Es wird also das Ansehen haben, als bewege sich die Sonne durch abcde, während die Erde sich in der Richtung ABCDE um die Sonne bewegt; und wirklich ist das die Art von Bewegung, die wir an der Sonne wahrnehmen.

106. Ob also diese Bewegung der Sonne wirklich oder nur scheinbar sei, muß aus andern Gründen

entschieden werden. Die verschiedene Stellung der Sonne am Himmel allein ist hiezu nicht hinreichend, und gäbe es außer ihr und der Erde keinen andern Himmelskörper als die Fixsterne, so würde dieser Punkt ewig ungewiß bleiben. Aber der Mond und die Planeten, die auch ihre Stellen am Himmel verändern, oder zu verschiedenen Zeiten eine verschiedene Lage gegen die Fixsterne, und folglich auch gegen die Sonne und die Erde haben, kommen uns hier zu Hülfe. Die mannigfaltigen Bewegungen dieser Körper lassen sich nur auf eine genügende Weise erklären, wenn wir annehmen, daß die Bewegung der Sonne scheinbar sei. Sie macht einen festen Punkt aus, um welchen herum sich die Planeten, und mit ihnen die Erde, die selbst ein Planet ist, in verschiedenen Entfernungen bewegen.

107. Diese Ansicht von dem Verhältniß der Sonne zu der Erde und den Planeten hat bekanntlich Copernikus zuerst mit Gründen dargethan, und sie heißt daher nach ihm die Copernikanische Weltordnung oder das Copernikanische Sonnensystem. Diesem zufolge bewegen sich die Planeten in folgender Ordnung um die Sonne: zunächst Merkur, dann Venus, ferner die Erde, und um diese der Mond, weiterhin Mars, Vesta, Juno, Pallas, Ceres, Jupiter, Saturn, und zuletzt Uranus. Der letztere

dieser Planeten sowohl, als die viere zwischen Mars und Jupiter, sind erst ganz neuerlich entdeckt worden, indem ihre scheinbare Kleinheit sie dem bloßen Auge fast ganz entzieht. Das System selbst aber hat sich durch alle Beobachtungen der spätern Zeiten so sehr bestätigt, daß seine Richtigkeit von keinem Astronomen mehr in Zweifel gezogen wird.

108. Die Bewegung der Erde um die Sonne ist aber nicht als eine Folge ihrer Umdrehung um ihre Achse zu betrachten. Denn die Achse steht nicht senkrecht auf der Ebene ihrer Bahn, sondern ist um einen Winkel von ungefähr $66\frac{1}{2}°$ gegen dieselbe geneigt; daher, wie schon oben gesagt, Aequator und Ecliptik einander unter einem Winkel von $23\frac{1}{2}°$ schneiden. Denn es sei EL (29. Fig.) die Ebene der Erdbahn, NS die Erdachse, und NCL der Neigungswinkel derselben gegen jene Ebene, so ist AQ die Ebene des Erdäquators. Nun ist $NCL + LCQ =$ einem rechten Winkel, folglich ist LCQ, als der Neigungswinkel der beiden Ebenen, die Ergänzung von dem Neigungswinkel der Achse gegen die Ebene der Erdbahn. Ferner ist auch zu bemerken, daß die Geschwindigkeit, mit welcher die Erde um die Sonne geschleudert wird, viel größer ist, als die Geschwindigkeit, mit welcher sie sich um ihre Achse bewegt; folglich kann jene nicht durch diese hervorgebracht werden.

109. Sobald aber die Erde ihre Stelle im Raume verändert, so sollte man glauben, müßten auch diejenigen Punkte am Himmel sich ändern, deren Lage von der Lage der Erdkugel abhängig sind, dergleichen die Weltpole sind. Diese Punkte bezeichnen diejenigen Stellen, in welchen die verlängerte Erdachse den Himmel trifft. Rückt nun die Erdachse mit der ganzen Erdkugel fort, wie können jene Punkte unverrückt bleiben? Gleichwohl läßt uns die sorgfältigste Beobachtung nicht die geringste Veränderung in ihrer Stellung wahrnehmen. Diese allerdings auffallende Erscheinung kann nur dadurch erklärt werden, daß die Richtung der Erdachse sich in allen Stellen der Erdbahn parallel bleibt, und daß die Entfernung des Himmels in Vergleich mit dem Durchmesser der Erdbahn als unendlich groß anzusehen ist. Es sei ABCD (30. Fig.) die Erdbahn, die kleinern Kreise in derselben mögen die Erdkugel vorstellen, und ns die Richtung ihrer Achse; sind nun diese mit ns bezeichneten Linien alle einander parallel, so werden sie im Unendlichen in einen Punkt zusammentreffen und zwar auf beiden Seiten; d. h. mit andern Worten, denkt man sich einen Punkt, der so weit von der Erdbahn entfernt ist, daß die ganze Ebene derselben von dort aus betrachtet in einen Punkt zusammenfällt — welches geschieht, wenn ihr Durchmesser unter einem kleinern Winkel als eine

Secunde erscheint — so fällt auch die Richtung der Achse aus allen Punkten der Erdbahn in eine Linie zusammen; und verlängert man diese bis an den Himmel, so sind die Punkte, in welchen sie den Himmel trifft, die Weltpole.

110. Wie weit man sich von der Erde entfernen müsse, damit ihre ganze Bahn sich in einen Punkt zusammen zu ziehen scheine, ist leicht auszurechnen, sobald ihre Entfernung von der Sonne bekannt ist. Diese zu bestimmen haben die Astronomen sich sehr angelegen seyn lassen, und man kann sie, den Beobachtungen und Berechnungen derselben zufolge, nach einer Mittelzahl ungefähr auf 20 Millionen (genauer, 20,666800) geographische Meilen setzen, also den Durchmesser der Erdbahn — wenn man diese als Kreis betrachtet — auf mehr als 40 Millionen solcher Meilen. Alsdann findet sich durch eine trigonometrische Rechnung, daß eine Entfernung von mehr als 8 Billionen Meilen erforderlich ist, wenn er unter dem Winkel einer Secunde erscheinen soll. Man muß also den Standpunkt, von welchem der scheinbare Durchmesser der ganzen Erdbahn zu einem kleinern Winkel, als eine Secunde, zusammenschwindet, noch über diese Entfernung hinaus setzen. Und in dieser, in der That unermeßlichen, Entfernung haben wir uns die Pole des Himmels, und folglich den Himmel selbst zu denken. Dieses will so viel

sagen: diejenigen Himmelskörper, die gleichsam an den Himmel befestigt zu seyn, und sich täglich mit ihm herumzudrehen scheinen, ohne ihre Lage gegen einander zu verändern, eben die, welche in uns das Bild des gestirnten Himmels erzeugen — die Fixsterne — liegen noch jenseits jener Entfernung, in welcher der Durchmesser der Erdbahn unter einem Winkel von einer Secunde erscheint.

III. Eben diese ungeheure Entfernung der Fixsterne ist Ursach, daß sie uns immer in gleicher Lage gegen einander erscheinen, und daher die Sternbilder immer dieselben bleiben, aus welcher Stelle der Erdbahn wir sie auch betrachten, weil auch die entlegensten Standpunkte in derselben, gegen diese Entfernung, in einen Punkt zusammenfallen. Zwar hat man neuerlich bei einigen Fixsternen eine Parallaxe, oder einen kleinen Unterschied in ihrer Stellung aus verschiedenen Standorten betrachtet, bemerken wollen, aber 1) ist es sehr zweifelhaft, ob diese Bemerkung richtig sei; 2) beträgt der Unterschied, im Fall er gegründet ist, äußerst wenig, nämlich nur ein paar Secunden; 3) gilt auch dieses nur von den allernächsten Fixsternen, und bei weitem der allergrößte Theil derselben behauptet eine unverrückte Stellung. Die Pole des Himmels werden also durch die jährliche Bewegung der Erde um die Sonne im geringsten nicht geändert, folglich auch nicht die davon abhängigen Kreise, der Aequator, die Parallelkreise u. s. f. In Absicht auf diese ist es eben so gut, als ob die Erde stets auf derselben Stelle sich um ihre Achse drehte.

112. Wenn die mittlere Entfernung der Erde von der Sonne 20,666800 Meilen beträgt, so ergiebt sich daraus der Umfang der ganzen Erdbahn auf 129,853000 Meilen. Da nun die Zeit eines siderischen Umlaufs, wie oben (§. 102.) bemerkt worden, noch etwas über 365 Tage und 6 Stunden (genauer: 365 T. 6 St. 9 M. und 8 S.) beträgt, so durchläuft die Erde jeden Tag über 355,000, jede Stunde über 14,800, jede Minute über 240, und jede Secunde noch etwas über 4 Meilen. Von dieser großen Geschwindigkeit können wir durch unsere Empfindung eben so wenig etwas gewahr werden, als von der Umdrehung der Erde um ihre Achse.

Die Geschwindigkeit einer Kanonenkugel ist höchstens 2000 Fuß in einer Secunde. Die Erde macht in derselben Zeit ungefähr 90000 Fuß. Wir leben also auf einer Kugel, die ohne Vergleich geschwinder fliegt als die schnellste Kanonenkugel, ohne daß wir das geringste davon empfinden.

113. Indessen ist zu bemerken, daß die Erde so wenig, als einer der andern Planeten, sich genau in einem Kreise um die Sonne bewegt. Ihre Bahn ist eigentlich eine Ellipse, die jedoch nur wenig

von einem Kreise abweicht; denn ihre Excentrizität, oder der Abstand ihrer Brennpunkte vom Mittelpunkt, beträgt nur $\frac{168}{10000}$ der halben großen Achse, also nicht einmal $\frac{1}{50}$ derselben. Setzen wir die halbe große Achse = 10000, so ist die halbe kleine = 9998,58; folglich noch nicht um $\frac{2}{10000}$ kleiner. Dieser Unterschied macht noch nicht 3000 geographische Meilen aus. Die Sonne befindet sich nicht im Mittelpunkt, sondern im Brennpunkt der elliptischen Erdbahn. Es sei z. B. AEBD (31. Fig.) die Ellipse, AB die große, DE die kleinere Achse, und S der eine Brennpunkt derselben, so muß man sich die Sonne in diesem Punkt, nicht im Mittelpunkt C, denken. Kommt daher die Erde bei ihrem Umlauf in den Punkt A, so ist sie in ihrer Sonnennähe (perihelium), gelangt sie aber nach B, so ist sie in ihrer Sonnenferne (aphelium). Der Unterschied beider Entfernungen von der Sonne ist der doppelten Excentrizität gleich, oder noch einmal so groß als CS, und beträgt ungefähr 694000 geographische Meilen. Die Punkte D und E liegen in der mittlern Entfernung von der Sonne, welche der halben großen Achse gleich ist.

114. Genau betrachtet wird die Bahn der Erde auch durch die Ellipse nicht vollkommen dargestellt. Es finden nämlich bei jedem Umlaufe noch kleine

Abweichungen statt, die durch die Einwirkung der andern Planeten auf die Erde hervorgebracht werden. Diese Einwirkungen heißen Störungen (perturbationes). Sie sind nicht einmal so groß wie das anderemal, sondern ändern sich nach dem verschiedenen Stande der Planeten verschiedentlich ab, und können daher nicht durch eine und eben dieselbe Linie dargestellt werden. Indessen muß die Ellipse immer als Grundlage der Erdbahn angesehen werden.

Sechster Abschnitt.

Von der Eintheilung der Himmels- und der Erdkugel in Beziehung auf die Bewegung der Erde um die Sonne, ingleichen von den Erscheinungen, die auf der Erde aus dieser Bewegung entstehen.

115. Da von dem Stande der Sonne am Himmel vielerlei Erscheinungen abhängen, so ist die Ecliptik oder die scheinbare Sonnenbahn als eine der merkwürdigsten Linien am Himmel zu betrachten, und die Astronomen pflegen die Lage der Gestirne sowohl in Rücksicht auf sie, als auf den Aequator zu bestimmen. Als ein größter Kreis der Himmelskugel durchschneidet sie den Aequator derselben in zwei entgegengesetzten Punkten, den Nachtgleichen oder Aequinoctialpunkten, von welchen der eine der Frühlings-Nachtgleichenpunkt (aequinoctium vernale), und der andere der Herbst-Nachtgleichenpunkt (aequinoctium autumnale) genannt wird.

Es stelle z. B. ASQN (32. Fig.) die Himmelskugel, ACQI den Aequator, ECLI die Ecliptik vor, so sind C und I die Aequinoctialpunkte; und denkt man sich, die Sonne bewege sich in der Richtung ECLI, so ist C der Frühlings-Nachtgleichenpunkt oder derjenige Punkt, in welchem sie in die nördliche Hälfte der Himmelskugel emporsteigt; I hingegen der Herbst-Nachtgleichenpunkt oder derjenige Punkt, durch welchen sie nach der südlichen Halbkugel zurückgeht.

Die Durchschnittspunkte des Aequators und der Ecliptik, oder die Nachtgleichenpunkte, sind nicht unveränderlich, sondern rücken, wiewohl nur sehr langsam, gegen die Ordnung der Zeichen (§. 117.) zurück. Man nennt diese Bewegung das Zurückgehen oder die Vorrückung der Nachtgleichen.

116. Diejenigen Punkte der Ecliptik, welche von dem Aequator am weitesten abstehen, die Punkte L und E (32. Fig.), heißen Sonnenwende- oder Solstitial-Punkte, und zwar ist L die Sommer-Sonnenwende (solstitium aestivum), E die Winter-Sonnenwende (solstitium hibernum). Der Bogen LQ ist das Maaß des sphärischen Winkels LCQ, unter welchem Aequator und Ecliptik einander schneiden, und LCQ ist = ACE, folglich auch AE = LQ. Daher ist der Abstand beider Sonnenwende-Punkte vom Aequator einander gleich und so groß, als die Schiefe der Ecliptik beträgt. Ein größter Kreis NCSI durch die Nacht-

gleichen-Punkte und durch die Pole heißt der Kolur der Nachtgleichen, so wie ein ähnlicher Kreis NLSE durch die Solstitial-Punkte der Kolur der Sonnenwenden genannt wird.

Der ganz kleine Unterschied, der durch die allmählige Veränderung der Schiefe der Ecliptik in dem Abstand der Sonnenwende-Punkte vom Aequator hervorgebracht wird, und Ursache ist, daß er nicht in völliger Schärfe auf beiden Seiten gleich groß ist, kann hier bei Seite gesetzt werden.

117. Die Ecliptik wird in zwölf gleiche Theile, also jeden zu 30 Grade, eingetheilt, welche den Namen der zwölf himmlischen Zeichen führen. Sie fangen von der Frühlings-Nachtgleiche an, und kommen in folgender Ordnung nach einander: Widder, Stier, Zwillinge, Krebs, Löwe, Jungfrau, Wage, Skorpion, Schütz, Steinbock, Wassermann, Fische. Die sechs erstern, welche den nördlichen Theil der Ecliptik ausmachen, heißen daher auch die nördlichen Zeichen, und aus einem ähnlichen Grunde heißen die sechs letztern die südlichen Zeichen.

Man darf die Zeichen der Ecliptik nicht mit den Sternbildern gleiches Namens verwechseln. Unstreitig haben diese ihre Namen ehedem von dem Zeichen, in welchem sie standen, erhalten, aber wegen der eben gedachten Vorrückung der Nachtgleichen (§. 115.) sind sie indessen insgesammt um etwa 30 Grade weiter gerückt.

Die Astronomen unterscheiden die Zeichen durch Zahlen, und bezeichnen einen Punkt der Ecliptik durch die Anzahl der Zeichen, Grade, Minuten und Secunden, die zwischen ihm und dem Frühlings-Nachtgleichenpunkt liegen. Zu B. 0^Z 24° heißt der 24ste Grad im Zeichen des Widders; 7^Z 15° 30′ 42″ heißt 7. 30° + 15° 30′ 42″ d. i. 225° 30′ 42″ vom Frühlings-Nachtgleichenpunkt an, oder 15° 30′ 42″ im Zeichen des Skorpions.

118. Unter demselben Winkel, unter welchem die Ecliptik den Aequator schneidet, muß auch der auf die Ebene der Ecliptik senkrechte Durchmesser der Himmelskugel die Weltachse schneiden. Es sei AQ (33. Fig.) der Durchmesser des Aequators, EL der Durchmesser der Ecliptik, LCQ oder u die Schiefe der Ecliptik, NS die Weltachse, und GH senkrecht auf die Ecliptik, so ist $u + x = 1\,R$ *); und $o + x = 1\,R$, folglich $u + x = o + x$ und daher $u = o$. Das Maaß des Winkels u ist der Bogen LQ, und das Maaß des Winkels o der Bogen GN; folglich ist der Pol der Ecliptik G eben so weit von dem Weltpol N entfernt, als der Punkt L, d. i. der Sonnenwende-Punkt vom Aequator. Dasselbe gilt von dem andern Pol der Ecliptik H und dem andern Weltpol S, ihr Abstand von einander oder SH ist = AE.

*) Bedeutet hier durchgehends einen rechten Winkel.

119. Der Frühlingsnachtgleichen-Punkt ist ein sehr schicklicher, gleichsam von der Natur selbst bestimmter Anfangspunkt, von welchem man ausgehen kann, wenn man Bogen des Aequators oder der Ecliptik bestimmen will. Es ist schon oben (§. 45.) gesagt worden, daß es, um die Lage eines Himmelskörpers zu bestimmen, nicht genug sei, seinen Abstand vom Aequator oder seine Abweichung anzugeben; man erfährt dadurch nur, in welchem Parallelkreise er sich befindet. Soll auch sein Standpunkt in dem Parallelkreise bestimmt werden, so kann das dadurch geschehen, daß man den Punkt des Aequators bezeichnet, in welchem der durch das Gestirn gehende Abweichungskreis denselben trifft. Es stehe z. B. ein Gestirn in dem Punkt S (34. Fig.) des Parallelkreises m n, und N S D sei ein Abweichungskreis, so bestimmt die Lage des Punktes D in dem Aequator A Q auch die Lage des Punktes S in dem Parallelkreise; weil jeder Abweichungskreis nach einem andern Punkt des Aequators auch den Parallelkreis in einem andern Punkt durchschneidet. Stellt nun E L die Ecliptik, und C die Frühlingsnachtgleiche vor, so wird die Lage von D durch die Größe des Bogens C D bestimmt, welcher die gerade Aufsteigung (ascensio recta) des Gestirns in S genannt wird. Man versteht also unter dieser Benennung einen Bogen des Aequators, der von

der Frühlingsnachtgleiche bis zu demjenigen Punkte geht, in welchem der Abweichungskreis des Gestirns den Aequator trifft, und man rechnet dabei immer von dem Nachtgleichenpunkt nach derjenigen Seite hin, nach welcher die Ordnung der Zeichen in der Ecliptik führt.

120. Um die Lage eines Gestirns gegen die Ecliptik zu bestimmen, denke man sich aus dem Pole derselben G (34. Fig.), einen größten Kreis GSB durch das Gestirn in S gezogen; dann giebt der Bogen SB den Abstand des Gestirns von der Ecliptik, und dieser heißt die Breite desselben, so wie der ganze Kreis ein Breitenkreis genannt wird. Der Bogen CB aber, durch welchen die Lage des Punktes B, in welchem der Breitenkreis die Ecliptik durchschneidet, mithin die Lage des Breitenkreises selbst bestimmt wird, heißt die Länge des Gestirns in S. Man rechnet diese ebenfalls von der Frühlingsnachtgleiche nach der Ordnung der Zeichen.

Die Breite und Länge eines Gestirns läßt sich aus seiner Abweichung und geraden Aufsteigung berechnen. Denn in dem sphärischen Dreieck GNS ist GN der Abstand des Weltpols vom Pol der Ecliptik, NS die Ergänzung der Abweichung, und der Winkel GNS der Nebenwinkel von SNn, dessen Maaß DQ die Ergänzung der geraden Aufsteigung ist; daraus läßt sich G S, als Ergänzung der Breite, und der Winkel N G S, als Ergänzung der Länge, finden. Setzt man G N = a; die Abweichung = D; die Breite = b, die gerade Aufsteigung = R, und die Länge = L, so ist

$$\text{Sin b} = \text{Cos a. Sin D} - \text{Sin a. Cos D. Sin R}$$

$$\text{und Cos L} = \frac{\text{Cos D. Cos R}}{\text{Cos b}}$$

121. Denkt man sich die Pole der Ecliptik als Punkte, die auf der Himmelskugel bezeichnet sind, so beschreibt ein jeder derselben, bei der täglichen Umdrehung der Himmelskugel, um den ihn zunächst liegenden Weltpol einen Kreis, welcher der Polarkreis genannt wird, und zwar heißt der um den Nordpol herumgehende der nördliche, und der andere der südliche Polarkreis (circulus polaris arcticus, c.p. antarcticus). Eben so beschreibt ein jeder der Solstitialpunkte einen Parallelkreis mit dem Aequator, welcher der Wendekreis genannt wird; derjenige, welcher in der nördlichen Halbkugel liegt, heißt der Wendekreis des Krebses (tropicus cancri), und der in der südlichen der Wendekreis des Steinbocks (tropicus capricorni) — Benennungen, die von den Zeichen der Ecliptik herrühren, in welchen jene Punkte liegen. Der Abstand der Wendekreise vom Aequator ist eben so groß, als der Abstand der Polarkreise von den Polen, nämlich der Schiefe der Ecliptik gleich.

Die Wendekreise schließen diejenige Zone am Himmel ein, innerhalb welcher der scheinbare Lauf der Sonne eingeschränkt ist. Die 35ste Figur giebt eine Vorstellung von der Lage der genannten Kreise: ACQM und ECLM sind Aequator und Ecliptik; in G und O liegen die Pole der letztern; und in L und E die Solstitialpunkte; daher stellen GB und OP die Polarkreise, LF und ED die Wendekreise vor.

122. Man hat die zuletzt genannten Kreise vom Himmel auf die Erdkugel übergetragen, und sowohl auf beiden Seiten des Aequators als um beide Pole, in einem Abstand, welcher der Schiefe der Ecliptik gleich ist, Parallelkreise mit dem Aequator angenommen, von welchen jene ebenfalls die Wendekreise und diese die Polarkreise genannt, auch durch dieselben Beiwörter, wie die gleichnamigen Kreise am Himmel unterschieden werden. Denkt man sich aus dem Mittelpunkt der Erdkugel C (36. Fig.) nach den Polar- und Wendekreisen des Himmels die geraden Linien BP, GO, EL und DF gezogen, so bezeichnen diese die Punkte in der Erdoberfläche, durch welche die gleichnamigen Kreise gehen: bg und op stellen die Polarkreise, fl und ed die Wendekreise vor. Durch diese Kreise wird die Oberfläche der Erdkugel in fünf sogenannte Zonen abgetheilt, von welchen die mittlere oder diejenige, welche von den beiden Wendekreisen eingeschlossen

wird, die **heiße** (zona torrida); die, welche zu beiden Seiten der heißen liegen, die **gemäßigten** (z. temperatae); und endlich die, welche innerhalb der Polarkreise liegen, die **kalten** (z. frigidae) heißen.

Die letztern sind eigentlich keine Zonen, sondern Kugel-Mützen.

Die Wendekreise werden schicklicher durch die Beiwörter **nördlich** und **südlich** unterschieden, als durch die den Wendekreisen am Himmel eigenthümlichen Beinamen.

Betrachtet man die Erde als eine völlige Kugel und setzt die Schiefe der Ecliptik = 23° 28′ so macht

der Flächeninhalt der heißen Zone	3,696200
— — — beider gemäßigten	4,818020
— — — beider kalten	767690

geographische Quadratmeilen aus.

Folglich ist das Verhältniß der beiden kalten Zonen zu der heißen, und zu beiden gemäßigten, wie 1 : 4, 81 : 6, 27; und die beiden letztern machen zusammen mehr, als die Hälfte der ganzen Erdfläche aus.

(Den Flächeninhalt einer Kugel-Zone zu finden s. mein Lehrb. d. Math. — Geom. §. 253.)

Um sich eine anschauliche Kenntniß **der Länder** zu verschaffen, welche in eine jede der genannten Zonen fallen, muß man eine künstliche Erdkugel, oder eine Landkarte, auf welcher die Erdoberfläche abgebildet ist, zu Hülfe nehmen.

123. Die eben gedachte Eintheilung der Erdoberfläche in Zonen bezeichnet eine wesentliche Ver-

schiedenheit dieser Theile in Absicht ihrer Lage gegen die Sonne. So wie die Wendekreise am Himmel diejenige Fläche einschließen, durch welche die Sonne selbst sich hindurch bewegt, so begrenzen die irdischen Wendekreise denjenigen Erdstrich, über dessen verschiedene Punkte die Sonne bei ihrem jährlichen und täglichen Umlauf allein senkrecht zu stehen kommt, oder sie schließen diejenigen Punkte ein, durch deren Zenith die Sonne hindurch geht. Die gemäßigten Zonen begreifen denjenigen Theil der Erdfläche, in welchem bei jeder Umdrehung der Erde Tag und Nacht mit einander wechseln, ohne daß die Sonne das Zenith irgend eines Punktes desselben erreicht. Die kalten Zonen endlich erhalten die Sonnenstrahlen in noch schieferer Richtung, oder die Sonne bleibt von dem Zenith aller Punkte derselben noch weiter entfernt, und es wechseln nicht bei jeder Umdrehung der Erdkugel Tag und Nacht in ihnen mit einander ab.

124. Um diesen Unterschied in der Erleuchtung der verschiedenen Zonen von der Sonne deutlich einzusehen, denke man sich, es sei n a s q (37. Fig.) die Erdkugel, n s die Achse, a q der Aequator derselben. Steht nun die Sonne in dem Aequator des Himmels, z. B. in A, so ist sie in dem Zenith von a, und während einer Umdrehung der Erdkugel

kommen alle Punkte des Erdäquators in die Stelle von a, und sehen folglich die Sonne durch ihr Zenith gehen. Entfernt sich die Sonne vom Aequator nach B zu, so kommt sie in das Zenith der zwischen a und b liegenden Punkte, und durch die Umdrehung der Erde werden alle Punkte der Parallelkreise zwischen a q und b c in die Stelle jener Punkte gebracht. Hat sie in B ihren größten Abstand vom Aequator erreicht, so steht sie in dem Zenith von b, welches ein Punkt in dem Wendekreis b c ist, und während einer Umdrehung kommen alle Punkte desselben in die Stelle von b. Alsdann geht die Sonne wieder nach dem Aequator zurück, und die Parallelkreise zwischen dem Wendekreise b c und dem Aequator kommen der Reihe nach noch einmal in den Fall, die Sonne in ihrem Zenith zu sehen. Dasselbe geschieht in Ansehung der Parallelkreise zwischen dem Aequator und dem Wendekreis d e, wenn die Sonne auf die andere Seite des Himmels-Aequators nach D hin und von da wieder zurück geht. In D selbst befindet sie sich im Zenith von d, einem Punkte des andern Wendekreises, und während einer Umdrehung kommen alle Punkte desselben in die Lage von d. Von den beiden Theilen der Erdkugel aber, b n c und d s e, welche zwischen dem Wendekreise und den Polen liegen, und die gemäßigten und kalten Zonen begreifen, kommt kein

Punkt in den Fall, die Sonne je in seinem Zenith zu haben.

125. Die Sonne erleuchtet stets die Hälfte der Erdkugel auf einmal, ja, da sie beträchtlich größer als diese ist, so umfaßt sie mit ihren Strahlen noch etwas mehr als die Hälfte; indessen macht dieß auf jeder Seite nur so viel aus, als die scheinbare Größe des Sonnenhalbmessers weniger der Parallaxe der Sonne, oder weniger der scheinbaren Größe des Erdhalbmessers von der Sonne aus gesehen, beträgt, also ungefähr 16 Minuten — eine zu unbedeutende Größe, als daß sie hier in Betrachtung käme. Die jedesmal erleuchtete Halbkugel findet sich, wenn man durch den Mittelpunkt der Erde eine Ebene legt, auf welcher die gerade Linie von der Sonne nach eben diesem Mittelpunkt senkrecht steht. Befindet sich also die Sonne im Aequator z. B. in A (38. Fig.), so ist n a s die erleuchtete, und n q s die dunkle Hälfte der Erdkugel, die Erdachse n s fällt in die Ebene, welche beide Hälften von einander trennt, und Aequator und Parallelkreise werden durch diese Ebene halbirt. Steht die Sonne in dem nördlichen Wendekreis in B (39. Fig.), so ist h b g der erleuchtete, und h e g der dunkle Theil der Erdkugel; alsdann ist die nördliche und südliche Halbkugel ungleich erleuchtet: die nördliche Polarzone fällt ganz innerhalb, und die südliche ganz außerhalb der

Erleuchtungsgrenze; die Achse n s steht schief auf der Ebene, welche die Grenze zwischen der erleuchteten und dunkeln Halbkugel ausmacht, und der Aequator wird zwar, wie im erstern Fall, durch diese Ebene halbirt, die Parallelkreise aber werden ungleich getheilt: in der nördlichen Halbkugel liegt nicht nur der größre Theil eines jeden auf der erleuchteten, und der kleinere auf der dunkeln Seite, sondern der Unterschied zwischen beiden Theilen wird auch desto größer, je weiter sie vom Aequator abstehen; in der südlichen Halbkugel ist es umgekehrt.

Hiernach läßt sich leicht abnehmen, wie es sich mit der Erleuchtung der Erdkugel verhalte, wenn die Sonne in dem südlichen Wendekreis in D; oder wenn sie an irgend einer Stelle zwischen dem Aequator und einem Wendekreise steht.

126. Nehmen wir nun an, die Erdkugel drehe sich um ihre Achse, während die Sonne sich in den gedachten Standpunkten befindet, so ergiebt sich daraus das Verhältniß von Tag und Nacht zu verschiedenen Zeiten und in den verschiedenen Theilen der Erde. Wenn die Sonne im Aequator, in A (38. Fig.) stehet, so rücken bei der Umdrehung der Erde die dunkeln Theile nach und nach in die Stelle der erleuchteten, und diese in die Stelle von jenen, so daß während einer ganzen Umdrehung alle

Theile der Oberfläche sowohl durch die erleuchtete als durch die dunkle Seite gehen; und da alle Parallelkreise durch die Erleuchtungsgrenze halbirt werden, so macht ein jeder Punkt der Oberfläche die eine Hälfte seines Weges auf der erleuchteten, und die andere auf der dunkeln Seite; folglich wird alsdann nicht nur die ganze Erdkugel, während einer Umdrehung, erleuchtet, sondern es sind auch Tag und Nacht an allen Orten der Erde einander gleich. Daher heißt dieser Zeitpunkt, welcher zweimal des Jahres eintritt, da die Ecliptik den Aequator zweimal durchschneidet, die Tag- und Nachtgleiche. Unter den beiden Polen aber, die bei der Umdrehung der Erdkugel keinen Kreis beschreiben, findet an diesem Tage kein Wechsel von Tag und Nacht statt, sondern ein jeder hat die Sonne ununterbrochen in seinem Horizont.

127. Ganz anders ist das Verhältniß der Erleuchtung während einer Umdrehung der Erdkugel, wenn die Sonne in dem nördlichen Wendekreis, in B (39. Fig.) stehet. Nur der Aequator, aq, wird alsdann von der Erleuchtungsgrenze halbirt, folglich sind unter ihm Tag und Nacht auch jetzt einander gleich; die Parallelkreise aber werden ungleich getheilt, und daher sind unter ihnen Tag und Nacht in eben dem Verhältniß verschieden, in welchem der Theil von ihnen, der in der erleuchteten Halbkugel

liegt, von dem in der dunkeln verschieden ist. Der Anblick der 39. Figur zeigt also schon, daß alsdann die Tage in der nördlichen Halbkugel länger als die Nächte; in der südlichen hingegen umgekehrt, die Nächte länger als die Tage sind; und daß dieser Unterschied, je weiter vom Aequator, desto größer ist. Die Gegend von dem Nordpol bis zu dem Polarkreis fg, fällt ganz in den erleuchteten Theil der Erdkugel, und wird daher auch während der ganzen Umdrehung der Erde beständig von der Sonne erhellt, oder es findet alsdann daselbst gar keine Nacht statt; so wie in der entgegengesetzten Polarzone, jenseits des Polarkreises hk, zu eben dieser Zeit kein Tag statt findet, indem dieser ganze Theil der Erde in die dunkle Halbkugel fällt.

Umgekehrt verhält es sich, wenn die Sonne in dem entgegengesetzten Wendekreise steht: alsdann ist während einer Umdrehung der Erde die südliche Polarzone ununterbrochen, die nördliche hingegen gar nicht erleuchtet; und in der südlichen Halbkugel übertreffen die Tage an Dauer die Nächte, so wie in der nördlichen die Nächte länger als die Tage sind.

Auf ähnliche Weise findet sich das Verhältniß der Tage und Nächte in den beiden Halbkugeln für jeden andern Stand der Sonne zwischen dem Aequator und einem Wendekreise.

128. So bequem indessen das eben beschriebene Verfahren ist, wenn wir die Lage der erleuchteten Hälfte der Erde gegen die dunkle, und das Verhältniß der Tage und Nächte in der nördlichen und südlichen Halbkugel für irgend einen Zeitpunkt gleichsam mit einem Blick übersehen wollen, so ist es doch nicht hinreichend, um die Dauer des Tages für irgend einen bestimmten Ort und einen bestimmten Stand der Sonne mit Genauigkeit zu finden; denn hierzu müssen noch einige Umstände in Betrachtung gezogen werden, die in jenen Figuren nicht ausgedrückt sind. Die Dauer eines Tages hängt, wie schon oben (§. 75.) gesagt ist, von der Größe des Tagebogens der Sonne ab. Wodurch diese bei den Fixsternen bestimmt, und wie sie gefunden wird, ist schon oben (§. 72. ff.) gelehrt worden. Bei der Sonne wird sie im Allgemeinen auf dieselbe Art gefunden, nur macht die eigene Bewegung derselben, wodurch ihr scheinbarer Ort am Himmel sich beständig ändert, noch eine kleine Aenderung nothwendig.

Eigentlich wird der Tagebogen der Sonne nicht nur durch ihre Abweichung, die Polhöhe des Ortes, die Strahlenbrechung, und die eigenthümliche Bewegung der Sonne, sondern auch durch ihre Parallaxe bestimmt; da diese aber nur wenige Secunden (8,″8) beträgt, so kann sie gegen die ohnehin veränderliche Strahlenbrechung, die 33 bis 34 Minuten ausmacht, vernachlässigt werden.

129. Die Strahlenbrechung ist bei Bestimmung des Tagebogens der Sonne von Wichtigkeit und darf nicht außer Acht gelassen werden, da der Anfang des Tages unstreitig von dem Augenblick zu rechnen ist, wo das Bild der Sonne im Horizont erscheint. Durch sie aber wird der erleuchtete Theil der Erdkugel etwas größer, als der dunkle, und daher die Dauer der Tage etwas verlängert und die der Nächte verkürzt. Sie ist Ursache, daß zur Zeit der Tag- und Nachtgleiche die Tage wirklich etwas länger als die Nächte sind. Dieser Unterschied beträgt unter dem Aequator 4 Minuten, und nimmt zu, je weiter man sich von demselben entfernt. Sie ist auch eine mitwirkende Ursache, daß die Tage unter dem Aequator sich nicht immer gleich bleiben, sondern wachsen, wenn die Sonne sich von dem Aequator des Himmels entfernt, und wieder abnehmen, wenn sie sich demselben nähert. Denn man setze, es sei H R (40. Fig.) der Horizont eines Ortes unter dem Aequator, CD der Aequator des Himmels, EF ein Parallelkreis, und unter dem Horizont werde in einem Abstand von demselben, welcher der Größe der horizontalen Strahlenbrechung (34′) gleich ist, ein paralleler Kreis, h r, gezogen, so bezeichnet dieser die Grenze, welche die Sonne beim Aufgange zu berühren braucht, um im Horizont selbst zu erscheinen; so viel also die Bogen A a, B b u. s. w.,

welche zwischen die parallelen Kreise fallen, betragen, um so viel wird der halbe Tagebogen der Sonne vergrößert. Da nun die Parallelkreise immer kleiner werden, je weiter sie vom Aequator abstehen, so werden die Bogen derselben, die zwischen HR und hr fallen, verhältnißmäßig immer größer; folglich gewinnt der Tagebogen der Sonne durch sie desto mehr, je weiter sie vom Aequator entfernt ist.

Der Bogen Aa ist der Größe der Strahlenbrechung selbst gleich, also etwa = 34′; und nimmt man an, die Sonne habe in EF ihren größten Abstand vom Aequator, so ist Bb = 37′ 4″, also nur 3′ 4″ größer als Aa; folglich der ganze Tagebogen in dem Parallel EF um 6′ 8″ größer als im Aequator, welches nur einen Zeitunterschied von 24 Secunden giebt.

130. Nicht weniger bemerkenswerth als der Einfluß der Strahlenbrechung, ist der Einfluß der eigenen Bewegung der Sonne auf die Größe ihrer Tagebogen. Die Sonne rückt unaufhörlich in der Ecliptik weiter, und dadurch ändert sich ihre Abweichung sowohl, als ihre gerade Aufsteigung ununterbrochen. Nun wird der halbe Tagebogen eines unveränderlichen Gestirns durch den Bogen des Aequators bestimmt, welcher sich durch den Meridian gleichsam hindurch schiebt, indeß das Gestirn sich vom Horizont bis in den Meridian bewegt. So bestimmt der Bogen Ag (19. Fig.) den halben Tagebogen

des Gestirns, das sich in dem Parallel mn bewegt, und während es von r nach m geht, rückt der Bogen Ag durch den Meridian PAH, oder der Punkt g des Aequators langt mit dem Gestirn in r zugleich im Meridian an. Aendert nun das Gestirn während seiner Bewegung vom Horizont bis in den Meridian seine Stellung am Himmel, so muß sein halber Tagebogen gerade so viel dadurch gewinnen oder verlieren, als seine gerade Aufsteigung sich dadurch geändert hat. Denn gesetzt, die Sonne stände in r (41. Fig. wo AQ den Aequator, EL die Ecliptik, und P den Weltpol bedeutet), so würde der Punkt g des Aequators mit ihr zugleich in den Meridian kommen, wenn sie während der Umdrehung des Himmels in r beharrte; rückt sie aber unterdessen von r nach s, so tritt der Punkt h mit ihr zugleich in den Meridian; und da die tägliche Umdrehung des Himmels der Ordnung der Zeichen entgegen geschieht, so kommt der Punkt h später in den Meridian, als der Punkt g, folglich hat ihr halber Tagebogen um den Bogen gh, der das Maaß des Winkels rPs ist, gewonnen. Berechnet man also den halben Tagebogen der Sonne für ihre Abweichung beim Aufgange nach der obigen Formel (§. 73.), und addirt die Größe des Winkels rPs, die ihrer Aenderung in der geraden Aufsteigung gleich ist, hinzu, so hat man die wahre Größe ihres halben Tagebogens.

Setzt man ihre Abweichung in r (41. Fig.) $= d$, in s $= \delta$, und den Längenunterschied rs $= \lambda$, so findet sich der Winkel rPs durch die Formel

$$\text{Sin}\ \tfrac{1}{2}\ rPs = \sqrt{\frac{\text{Sin}\ \frac{1}{2}(\lambda + \delta - d).\ \text{Sin}\ \frac{1}{2}(\lambda + d - \delta)}{\text{Cos}\ d\ .\ \text{Cos}\ \delta}}$$

Auf die Größe dieses Winkels hat, wie man sieht, die Polhöhe keinen Einfluß; sie ist also an allen Orten der Erde gleich, aber sie ist nicht einen Tag so groß wie den andern.

(Ueber die Ableitung dieser Formel giebt jedes ausführliche Lehrbuch der Trigonometrie Auskunft. Z. B. Klügels Analyt. Trigon. S. 178. v. Münchow's Grundlehren d. Trigon. S. 152.).

Daß man aus der Länge der Sonne in r und in s, und aus der Schiefe der Ecliptik die Abweichungen d und δ finden könne, ist kaum nöthig zu erinnern.

Wollte man den auf diese Art gefundenen halben Tagebogen in Zeit verwandeln (nach §. 74. Anmerk.) so würde man ihn in Sternenzeit erhalten. Man müßte daher diese erst in Sonnenzeit verwandeln, um den wahren Zeitpunkt des Sonnenaufgangs und die Dauer des Tages darnach bestimmen zu können. (Von dem Unterschiede der Sternen- und Sonnenzeit wird im folgenden Abschnitte gehandelt.)

Es ist auch leicht einzusehen, daß der halbe Tagebogen, welchen die Sonne nach Mittag durchläuft, dem vormittägigen nicht ganz gleich sei. Man müßte ihn also eigentlich, auf eine ähnliche Art wie diesen, besonders berechnen. Statt dessen begnügt man sich gemeiniglich, die Länge eines Tages für einen gewissen Ort dadurch zu bestimmen, daß man den halben Tagebogen für die Abweichung der Sonne im Mittage berechnet und verdoppelt, ohne auf die Verbesserung wegen ihrer eigenen Bewegung Rücksicht zu nehmen. Man bedient sich also dazu der im 73. §. angegebenen Formel.

131. Es ist also auch nicht in aller Schärfe gegründet, wenn man behauptet, daß an Orten von gleicher Polhöhe aber verschiedener Länge die Tage von gleicher Länge sind, d. h. daß z. B. am 1sten Mai der Tag an dem einen Orte so lang als an dem andern sey. Denn man setze, es sey der Längenunterschied beider Orte 180 Grad, so fängt der 1ste Mai an dem einen Orte 12 Stunden später, als an dem andern an, folglich hat die Sonne unterdessen eine andere Abweichung gewonnen; folglich ist auch ihr Tagebogen hier etwas anders als dort. Ja die Ungleichheit in der Bewegung der Sonne macht, daß an einem Orte nördlicher Breite das Verhältniß der Tage und Nächte das ganze Jahr hindurch gerechnet, nicht ganz dasselbe ist, als an einem Ort von gleicher südlicher Breite. Die Sonne bewegt sich durch den nördlichen Theil der Ecliptik im Ganzen langsamer, als durch den südlichen; daher der Einfluß ihrer eigenen Bewegung auf die Länge der Tage dort etwas anders als hier ist. Vergleicht man indessen einzelne Tage, an

welchen die Abweichung der Sonne bei ihrem Aufgange oder im Mittag gleich groß ist, mit einander, so ist der Unterschied in der Dauer derselben so gering, daß er da, wo nicht eine besondere Schärfe verlangt wird, füglich vernachlässigt werden kann.

132. Die Länge der Tage nimmt in der nördlichen Halbkugel der Erde zu, und in der südlichen ab, wenn die nördliche Abweichung der Sonne zunimmt. Dieß läßt sich schon durch Construction solcher Figuren, wie 38. und 39. sind, darthun, und dann ergiebt es sich auch aus der einfachen Gleichung für den halben Tagebogen (§. 72). Eben daraus erhellet auch, daß bei derselben nördlichen Abweichung der Sonne die Tage in der nördlichen Halbkugel der Erde desto länger, und in der südlichen desto kürzer werden, je weiter man sich vom Aequator entfernt, oder je größer die Polhöhe der Orte ist. Hat die Sonne ihre größte nördliche Abweichung erreicht — welches geschieht, wenn sie in den nördlichen Solstitialpunkt, in L (35. Fig.), tritt — so sind in der nördlichen Halbkugel die längsten, und in der südlichen die kürzesten Tage, und dieser Zeitpunkt heißt die Sommer-Sonnenwende (solstitium aestivum). Nähert sie sich darauf wieder dem Aequator, so nehmen dort die Tage ab, und hier zu. Dieses geht so fort, bis sie in dem südlichen Solstitialpunkt, in

E, ihre größte südliche Abweichung erreicht hat. Alsdann sind in der südlichen Halbkugel die längsten, und in der nördlichen die kürzesten Tage, und dieser Zeitpunkt heißt die Winter-Sonnenwende (solstitium hibernum). Der Unterschied zwischen dem längsten und kürzesten Tage eines Ortes ist desto größer, je größer seine Polhöhe ist.

133. Eine besondere Betrachtung verdient noch die Beschaffenheit der Tage jenseits der Polarkreise. Wenn die Sonne im Aequator steht, so erleuchtet sie, wie schon oben (§. 125.) gesagt ist, beide Pole. Entfernt sie sich darauf vom Aequator nach dem nördlichen Wendekreise hin, so rückt die Grenze der erleuchteten Halbkugel immer weiter über den Nordpol hinaus — nach g zu (38. und 39. Fig.) — und weiter vom Südpol zurück — nach h zu. Folglich bleibt der Nordpol alsdann, der Umdrehung der Erde ungeachtet, immer innerhalb der Erleuchtungsgrenze; so wie der Südpol außerhalb derselben. Dieß dauert auch noch fort, wenn die Sonne, nach Erreichung ihrer größten Abweichung, wieder nach dem Aequator zurückgeht, und zwar so lange, bis sie diesen erreicht hat. Erst wenn sie sich nach der entgegengesetzten Seite hin von ihm entfernt, hört der Nordpol auf, ihre Strahlen zu empfangen, und sie treffen dafür den Südpol. Folglich dauert der

Tag unter dem Nordpol so lange, als die Sonne in der nördlichen Hälfte ihrer Bahn verweilt, d. i. von der Frühlings- bis zur Herbst-Nachtgleiche, also ungefähr 6 Monate; und eben so lange dauert die Nacht unter dem Südpole. Umgekehrt verhält es sich, wenn die Sonne in dem südlichen Theil ihrer Bahn verweilt: alsdann ist unter dem Südpol Tag, und unter dem Nordpol Nacht. Dieß läßt sich auch schon daraus abnehmen, daß der Aequator des Himmels der wahre Horizont unter den Polen ist. Sobald die Sonne also vom Aequator nördlich abweicht, kommt sie über den Horizont des Nordpols, und wenn sie südlich von ihm abweicht, kommt sie über den Horizont des Südpols.

Das ganze Jahr unter den Polen besteht also aus einem einzigen langen Tage und einer einzigen langen Nacht.

Die Länge der Nächte unter den Polen wird durch die Größe der Strahlenbrechung und durch die Dauer der Dämmerung noch sehr abgekürzt, so wie das Furchtbare der langen Dunkelheit durch den Mondschein und andere leuchtende Erscheinungen vermindert.

134. Wie es sich in den übrigen Theilen der kalten Zonen in Absicht der Tageslängen verhalte, läßt sich schon daraus abnehmen, daß die Sonne bei ihrer größten Abweichung, wie schon oben (§. 127.) gezeigt ist, unter dem Polarkreise in der

einen Halbkugel, während einer ganzen Umdrehung der Erde, nicht unter-, und in dem andern nicht aufgeht; daß also dort der Tag, und hier die Nacht 24 Stunden ununterbrochen fortdauert. Folglich kann man schließen, muß die Dauer der Tage und Nächte in den zwischenliegenden Gegenden — zwischen den Polarkreisen und den Polen — von 24 Stunden durch alle Abstufungen bis zu sechs Monaten gehen, und zwar so, daß sie näher nach den Polen zu größer als in der Nähe der Polarkreise ist. Dasselbe aber ergiebt sich auch aus der Betrachtung, daß, so wie die Sonne vom Aequator abweicht, sie den Polargegenden, die von den Polen sich nicht weiter erstrecken, als ihre Abweichung beträgt, auf der einen Seite nicht mehr unter-, auf der andern nicht mehr aufgeht.

135. In Rücksicht der verschiedenen Tageslänge unter den verschiedenen Breiten hat man jede Halbkugel der Erde vom Aequator bis zum Polarkreis in 24 Zonen eingetheilt, an deren Grenzen, vom Aequator nach den Polen zu gerechnet, der längste Tag immer um eine halbe Stunde wächst; und vom Polarkreis bis zum Pole noch in sechs Zonen, an deren Grenzen der Unterschied einen ganzen Monat beträgt. Man nennt diese Zonen Klimata. Sie nehmen in jeder Halbkugel vom Aequator nach dem Polarkreise an Breite ab, von diesem aber nach dem Pole zu

wachsen sie wieder. Die Klimata der einen Halbkugel sind denen der andern der Reihe nach gleich. Ihre Grenzen lassen sich aus folgender Tabelle übersehen:

Klima.	Ausdehnung von		bis		Breite.		Dauer des längsten Tages.			
I.	0°	0′	8°	34′	8°	34′	12	St.	30	Min.
II.	8	34	16	44	8	10	13	—		—
III.	16	44	24	12	7	28	13	—	30	—
IV.	24	12	30	48	6	36	14	—		—
V.	30	48	36	31	5	43	14	—	30	—
VI.	36	31	41	24	4	53	15	—		—
VII.	41	24	45	32	4	8	15	—	30	—
VIII.	45	32	49	2	3	30	16	—		—
IX.	49	2	52	0	2	58	16	—	30	—
X.	52	0	54	31	2	31	17	—		—
XI.	54	31	56	38	2	7	17	—	30	—
XII.	56	38	58	27	1	49	18	—		—
XIII.	58	27	60	0	1	33	18	—	30	—
XIV.	60	0	61	19	1	19	19	—		—
XV.	61	19	62	26	1	7	19	—	30	—
XVI.	62	26	63	23	0	57	20	—		—
XVII.	63	23	64	11	0	48	20	—	30	—
XVIII.	64	11	64	50	0	39	21	—		—
XIX.	64	50	65	22	0	32	21	—	30	—
XX.	65	22	65	48	0	26	22	—		—
XXI.	65	48	66	8	0	20	22	—	30	—
XXII.	66	8	66	21	0	13	23	—		—
XXIII.	66	21	66	29	0	8	23	—	30	—
XXIV.	66	29	66	32	0	3	24	—		—
XXV.	66	32	67	23	0	51	1	Monat		
XXVI.	67	23	69	50	2	27	2	—		
XXVII.	69	50	73	39	3	49	3	—		
XXVIII.	73	39	78	31	4	52	4	—		
XXIX.	78	31	84	5	5	34	5	—		
XXX.	84	5	90	0	5	55	6	—		

Die Berechnung der Klimata vom Aequator bis zum Polarkreise läßt sich nach der obigen Formel für den halben Tagebogen eines Gestirns (§. 72.) machen, nämlich

$$\text{Cos } x = - \text{tg } P. \text{ tg } D$$

indem hierbei auf Strahlenbrechung und eigene Bewegung der Sonne keine Rücksicht genommen wird. Es ist also

$$\text{tg } P = \frac{- \text{Cos } x}{\text{tg } D}$$

Da nun an der Grenze des ersten Klima's der längste Tag 12 St. 30 Min. ist, so ist der halbe Tagebogen der Sonne daselbst $90^0 + 3^0\ 45'$, also $\text{Cos}\ (90^0 + 3^0\ 45') = -$ $\text{Sin } 3^0\ 45'$ und daher

$$\text{tg } P = \frac{\text{Sin } 3^0\ 45'}{\text{tg } D} = \text{Sin } 3^0\ 45'.\ \text{cot } D$$

An den Grenzen der folgenden Klimata wächst der halbe Tagebogen der Reihe nach, um 2. ($3^0\ 45'$); 3. ($3^0\ 45'$) u. s. w. Nun ist $D = 23^0\ 28'$; man braucht also nur zu dem Logarithmen der cot $23^0\ 28'$ der Reihe nach die Logarithmen der Sinus von $3^0\ 45'$; $7^0\ 30'$; $11^0\ 15'$ u. s. w. zu addiren, um die Logarithmen der Tangenten der gesuchten Polhöhe zu finden.

Die Klimata vom Polarkreise bis zum Pole lassen sich bestimmen, wenn man die Abweichung der Sonne bei einer Länge von 15^0; 2. 15^0; 3. 15^0; 6. 15^0 sucht. Bezeichnet man aber die Länge der Sonne durch A, ihre Abweichung durch D, und die Schiefe der Ecliptik durch d, so ist

$$\text{Sin } D = \text{Sin } d.\ \text{Sin } A$$

wobei nur zu bemerken ist, daß man die Grenzen der Klimata in umgekehrter Ordnung findet, nämlich für A = 15° die Grenze des Klima's zunächst am Pole, für A = 30° die Grenze des zweiten vom Pol an gerechnet, u. s. w.

Die Eintheilung in Klimata ist von den alten Geographen eingeführt worden, um aus der Dauer des längsten Tages an einem Orte die Breite desselben ungefähr bestimmen zu können. Es finden aber mancherlei Verschiedenheiten theils in Ansehung der Zahl, theils in Ansehung der Grenzen derselben statt. Vergl. Matth. Lex. 1. Th. Art. Clima, ingl. Riccioli Geogr. reform. lib. VII. c. 9. und Ukert's Geograph. der Griechen u. Röm. 1. Th. 2te Abth. S. 182. ff. Die ganze Eintheilung ist für uns von keinem großen Werth; doch können wir allerdings daraus bequem übersehen, wie es sich mit der verschiedenen Erleuchtung der Erdkugel in den verschiedenen Entfernungen vom Aequator verhalte, und wie z. B. in höhern Breiten kleine Unterschiede der Polhöhen bedeutende Verschiedenheiten in der Erleuchtung hervorbringen.

136. Wenn die Sonne im Zenith eines Ortes steht, so fällt der Schatten eines lothrecht aufgerichteten Gegenstandes in seine eigene Grundfläche. Ein solcher Körper wirft also keinen Schatten zur Seite. In diesen Fall können nur Gegenstände innerhalb der Wendekreise kommen. Man nennt daher die Bewohner der heißen Zone in dieser Rücksicht unschattige Erdbewohner (ascii), weil sie zu gewissen Zeiten keinen Schatten zur Seite werfen. Dieselben heißen auch in einer andern Rücksicht

zweischattig (amphiscii), weil ihr Schatten zu Mittag im Laufe des Jahres nach entgegengesetzten Seiten fällt. Befindet sich nämlich die Sonne auf der nördlichen Seite des Aequators, so fällt nicht nur der Schatten der Bewohner der ganzen südlichen Hälfte der heißen Zone, sondern auch desjenigen Theils der nördlichen Hälfte, dessen Abstand vom Aequator kleiner, als die Abweichung der Sonne ist, um Mittag gegen Süden. Wird aber die Abweichung der Sonne südlich, so fällt der Schatten der Bewohner der nördlichen Hälfte und desjenigen Theils der südlichen, welcher näher beim Aequator liegt, als die Abweichung der Sonne beträgt, um Mittag gegen Norden. Aus einem ähnlichen Grunde heißen die Bewohner der gemäßigten Zonen einschattige (heteroscii), weil ihr Schatten zu Mittag beständig nach derselben Seite fällt, nämlich, in der nördlichen gemäßigten Zone gegen Norden, und in der südlichen gegen Süden. Endlich werden die Bewohner der kalten Zonen umschattige (periscii) genannt, weil ihr Schatten zu gewissen Zeiten nach allen Seiten des Horizonts herumgeht.

Diejenigen Erdbewohner, welche gerade unter den Wendekreisen leben, sind zur Zeit ihres längsten Tages unschattig, die übrige Zeit des Jahres einschattig.

137. Da die Sonnenstrahlen nicht blos Licht, sondern auch Wärme bei uns hervorbringen, so hängt

die Erwärmung der verschiedenen Theile der Erdkugel von ihrer Erleuchtung ab. Da, wo die Sonnenstrahlen senkrecht auffallen, ist ihre Wirkung größer, als wo sie schief auffallen. Denn man setze, daß a f und c g (42. Fig.) zwei parallele Strahlen vorstellen, die auf a b senkrecht, auf M N aber unter dem Winkel x auffallen; so ist klar, daß alle zwischen a f und c g enthaltenen Strahlen, die, wenn sie nichts aufhielte, auf a c fallen würden, von a b aufgefangen werden könnten; daß also dieselbe Menge von Strahlen auf die senkrechte Fläche a b, als auf die schiefe a c fallen. So vielmal also jene kleiner als diese ist, so vielmal sind dort die Sonnenstrahlen dichter, und folglich ihre Wirkung in eben dem Verhältniß stärker, als hier. Es ist aber a c : a b = Sin tot. : Cos y; und da y + dem Einfallswinkel x = 90° also Cos y = Sin x ist, so verhält sich die Stärke der Erleuchtung und der davon abhängigen Erwärmung wie der Sinus des Einfallswinkels. Gesetzt nun, die Sonne stehe in S (43. Fig.), und S B sei ein senkrechter Strahl auf die Erde in B, so kann man annehmen, daß die andern aus dem nämlichen Punkt der Sonne auf die Erde fallenden Strahlen, wie D E, F G mit S B parallel laufen. Dann sind x und y die Einfallswinkel in E und G, wenn m n und r s die Tangenten an E und G sind. Es verhält sich also die Erleuchtung und Erwärmung in B zu der in E und G, wie der Sin. tot. zu Sin x und Sin y. Es ist aber Sin x = Cos z; und Sin y = Cos u. Ist nun A Q der Aequator, so ist z = ω = der Breite des Ortes E weniger der Abweichung der Sonne; und u = B C G = der Breite des Ortes G + der Abweichung der Sonne. Bezeichnet man also die Breite eines Ortes durch b, und die Abweichung der Sonne durch d, so verhält sich die Menge des auffallenden Lichtes wie Cos (b ∓ d), wo das obere Zeichen für Orte auf derselben Seite des Aequators, auf welcher die Sonne steht, das untere für Orte auf der entgegengesetzten Seite des Aequators gilt. Ist d > b, so setze man Cos (d ∓ b). Uebrigens gilt dieses Verhältniß nur für den Zeitpunkt, da die Sonne im Meridian eines Ortes steht.

Ueberhaupt kann diese Betrachtung nur dazu dienen, im allgemeinen begreiflich zu machen, warum die Sonnenstrahlen in den gemäßigten und kalten Zonen nicht dieselbe Wirkung wie in der heißen Zone hervorbringen. Denn wollte man das Verhältniß der Erwärmung verschiedener Theile der Erdkugel genauer bestimmen, so müßte man nothwendig noch die Länge der Tage, und den Weg der Strahlen durch die Atmosphäre in Betrachtung ziehen; ja man müßte auch besondere Umstände, wie die Höhe der Länder, ihre Lage gegen benachbarte Gebirge, Meere, Flüsse und dergl. berücksichtigen, und dann hörte es auf ein Gegenstand der mathematischen Geographie zu seyn.

138. So wie aus dem verschiedenen Stand der Sonne gegen den Aequator, während ihrer scheinbaren jährlichen Bewegung durch die Ecliptik, die verschiedene Länge der Tage sowohl unter den verschiedenen Breiten zu derselben Zeit, als an demselben Orte zu verschiedenen Zeiten entspringt, so hängt davon auch die Verschiedenheit der Jahreszeiten auf der Erde ab. Mit dem Eintritt der Sonne in die Frühlings-Nachtgleiche beginnt in der nördlichen Halbkugel der Frühling, und in der südlichen der Herbst. Hat sie die größte nördliche Abweichung erreicht und tritt in das Zeichen des Krebses, so fängt in jener der Sommer, in dieser der Winter an; gelangt sie wieder zum Aequator in die Herbst-Nachtgleiche, so fängt bei uns der Herbst, und in der südlichen Hälfte der Frühling an; und tritt sie endlich, bei ihrer größten südlichen Abweichung, in das Zeichen des Steinbocks, so hebt bei uns der Winter und dort der Sommer an. Es ist aber schon oben (§. 131.) bemerkt worden, daß die Sonne in dem nördlichen Theil der Ecliptik etwas länger, als in dem südlichen verweilt. Dieser Unterschied macht ungefähr 7 bis 8 Tage aus; und daher sind die verschiedenen Jahreszeiten nicht ganz von gleicher Länge.

139. Eine noch größere Ungleichheit der Jahreszeiten findet in Ansehung ihrer Beschaffenheit oder ihres Charakters in den verschiedenen Gegenden der Erde statt. Innerhalb der Wendekreise ist die Witterung das ganze Jahr hindurch ziemlich gleichförmig; man kennt daselbst keinen eigentlichen Winter, sondern es herrscht fast ein beständiger Sommer, dessen Heiterkeit und Annehmlichkeit nur auf eine kurze Zeit durch anhaltenden Regen unterbrochen wird. Dagegen wechselt in den kalten Zonen ein langer und sehr strenger Winter mit einem kurzen Sommer ab, und von Frühling und Herbst ist kaum eine Spur zu bemerken. Am meisten unterscheiden sich also die vier Jahreszeiten in den gemäßigten Zonen; doch ist auch hier noch eine große Verschiedenheit in ihrer Beschaffenheit, je nachdem man den Wendekreisen, oder den Polarkreisen näher kommt. Ueberhaupt haben außer der Sonne noch so manche andere Dinge auf die Witterung Einfluß, daß der astronomische Anfang der Jahreszeiten selten mit der wirklichen Beschaffenheit der Witterung in Uebereinstimmung steht. Die verschiedene Beschaffenheit der Jahreszeiten aber, und die Art ihrer Austheilung über die Erdkugel ist Ursache, daß beständig die größte Verschiedenheit der Temperatur zu gleicher Zeit auf der Erde statt findet. Indeß die eine Gegend von der Sonnen-

hitze versengt wird, erstarrt die andere vor Kälte, und die dazwischen liegenden Länder haben sich einer größern oder geringern Wärme zu erfreuen, je nachdem sie jener oder dieser näher liegen.

140. Was von den Jahreszeiten in gewissem Betracht gesagt werden kann, daß beständig alle zugleich auf der Erde anzutreffen sind, das läßt sich von den Tageszeiten im eigentlichsten Sinne behaupten. Der Unterschied der Tageszeiten aber hängt nicht von dem Unterschiede der Parallelkreise, sondern der Meridiane ab. Diejenigen Orte nämlich haben zu gleicher Zeit Mittag, die unter demselben Meridian, in der der Sonne zugekehrten Hälfte der Erdkugel liegen, und zwar wenn die Sonne in den correspondirenden Meridian am Himmel tritt. Diejenigen Orte aber, welche auf der entgegengesetzten Seite desselben Meridians, in der von der Sonne abgekehrten Hälfte liegen, haben zu derselben Zeit Mitternacht. Ostwärts von der erstern Hälfte des gedachten Meridians trifft man auf diejenigen Gegenden, in welche alsdann die Nachmittagsstunden, und westwärts auf diejenigen, in welche die Vormittagsstunden fallen; und zwar so, daß ein Längenunterschied derselben von 15 Graden immer einen Zeitunterschied von einer Stunde ausmacht. Es sei ABCD (44. Fig.) der Aequator oder ein Parallelkreis, und in A sei Mittag, so ist zu glei-

cher Zeit in C Mitternacht; ferner wenn A B C die östliche, und A D C die westliche Hälfte vorstellt, so fallen auf die bezeichneten Punkte, von denen jeder um 15 Grade von den zunächst liegenden absteht, die Stunden, welche die beigeschriebenen Zahlen anzeigen. Denn wenn die Sonne in dem Meridian von A steht, so ist sie von dem Meridian des Punktes 11 noch um 15 Grade entfernt; diese machen aber 1 Stunde in Zeit (§. 74. Anmerk.); folglich ist es alsdann in diesem Punkt noch 1 Stunde bis zum Mittag. Auf der andern Seite hingegen, in dem Punkt 1, ist schon eine Stunde Nachmittag u. s. w. Dieselbe Zeit aber, welche in einem dieser Punkte statt findet, findet in allen Orten statt, durch welche derselbe Mittags-Halbkreis geht. Es sind also alle Tageszeiten beständig auf der ganzen Erde zugleich vorhanden, und es ist nicht poetische Fiction, sondern mathematische Wahrheit, daß die Horen sich wie in einem Tanz beständig um den Erdball drehen.

Gegenfüßler haben immer entgegengesetzte Jahres- und Tageszeiten; Nebenwohner haben gleiche Jahres-, aber entgegengesetzte Tageszeiten; Gegenwohner haben entgegengesetzte Jahres-, aber gleiche Tageszeiten.

141. Gesetzt nun, es reiste jemand in dem Parallelkreise A B C D (44. Fig.) von A aus westwärts, und machte in jeder Stunde einen Weg von 15 Gra-

den, so würde er in den Punkt 11 gelangen, wenn es daselbst Mittag wäre; desgleichen in den Punkt 10, zur dortigen Mittagszeit; und so fort in jedem der folgenden Punkte immer, wenn es daselbst Mittag ist. Er würde also in 24 Stunden nach A zurück kommen, und hätte in dieser Zeit keinen Wechsel von Tag und Nacht, sondern immer Mittag gehabt. Nehmen wir an, er wäre den 1sten eines Monats von A abgereist, so würde es ihm vorkommen müssen, als ob er an demselben Tage zurück gekommen wäre; wenigstens hätte er unterwegs keinen Grund gehabt, warum er einen zweiten Tag zu rechnen anfangen sollte; in A aber hätte man unterdessen einen Wechsel von Tag und Nacht gehabt, folglich auch den 2ten des Monats angefangen. Hätte sich der Reisende unterwegs an einem Orte mehrere Tage aufgehalten, so wäre auf jeden Tag seines Aufenthaltes auch ein Tag in A zu rechnen, folglich würde sich zuletzt bei seiner Ankunft in A immer ein Unterschied von einem Tage in der Rechnung der Bewohner in A und in der seinigen zeigen, d. h. er würde in der Zeit seiner Reise um die Erde den Wechsel von Tag und Nacht einmal weniger erfahren haben, als man ihn unterdessen in A erfahren hätte. Anstatt des Aufenthaltes unterwegs kann man sich auch vorstellen, die Reise gehe langsamer, immer wird am Ende der nämliche Unterschied heraus kommen müssen. Das Gegentheil würde geschehen, wenn die Reise ostwärts, in der Richtung ABCD gemacht würde: man würde während der ganzen Reise den Wechsel von Tag und Nacht einmal mehr als in A erfahren, und folglich bei der Zurückkunft in der Kalender-Rechnung um einen Tag weiter, als hier, seyn.

Bei den vielen Reisen um die Welt hat man diesen Unterschied vielfältig zu bemerken Gelegenheit gehabt; das erstemal, bei der Reise von Magellan, fiel er als etwas Unerwartetes sehr auf, aber das Befremdende verlor sich bald, als man die wahre Ursache davon einsah.

Siebenter Abschnitt.

Von der Zeitbestimmung und den Mitteln zur Bestimmung der geographischen Länge.

142. Die Umdrehung der Erde um ihre Achse, und ihre Bewegung um die Sonne sind Erscheinungen, die sich beständig und auf eine so regelmäßige Art wiederholen, und auf unsere Lebensweise einen so entschiedenen Einfluß haben, daß man sie zum Maaßstabe für die Zeit gemacht hat. Es ist schon oben gesagt worden, daß man die Zeit, in welcher die Erdkugel eine Umdrehung um ihre Achse vollendet, einen Tag, und die Zeit, welche sie zu einem Umlauf um die Sonne braucht, ein Jahr nennt. Diese Erscheinungen aber verdienen in Beziehung auf die Zeitbestimmung, die sich darauf gründet, noch besonders betrachtet zu werden.

143. So wie die Umdrehung der Erde überhaupt aus der scheinbaren Bewegung der Himmelskörper erkannt wird, so können wir auch aus der Stellung der letztern gegen irgend einen bestimmten Ort der Erdoberfläche beurtheilen, wenn die Erde eine Umdrehung vollendet hat. Es sei z. B. A (7. Fig.) ein

Ort auf der Erde und a ein Himmelskörper im Meridian desselben, so muß nach jeder scheinbaren Umdrehung des Himmels der Körper a wieder in den Meridian von A zurückkommen, wenn weder er unterdessen seinen Stand am Himmel, noch die Erde den ihrigen im Weltraum geändert hat. Die scheinbare Umdrehung des Himmels aber ist eine Folge der wirklichen Umdrehung der Erde; folglich können wir aus der Rückkehr eines Himmelskörpers in den Meridian eines Ortes auf die Vollendung einer Umdrehung der Erdkugel schließen, d. h. die Dauer einer Umdrehung der Erde ist so groß, als die Zeit, welche zwischen zweien zunächst auf einander folgenden Durchgängen eines Himmelskörpers durch den Meridian eines Ortes verstreicht.

144. Hierbei ist es aber nicht gleichgültig, was für ein Himmelskörper dazu gewählt wird. Er darf nämlich während einer Umdrehung der Erde seinen Stand am Himmel nicht ändern. Dieses ist nur der Fall mit den Fixsternen. Man muß also einen Körper aus dieser Klasse zu der Beobachtung nehmen, und die große Menge derselben erleichtert die Wahl; denn eigentlich ist ein jeder derselben tauglich dazu; wiewohl die größern und näher beim Aequator stehenden mehr, als die kleinern, und als die, welche in der Nähe des Pols sind. Das letztere aus dem Grunde, weil Sterne in der Nähe des

Pols kleinere Kreise beschreiben, also eine scheinbar langsamere Bewegung haben, als solche, die näher beim Aequator stehen. Es ist auch nicht nothwendig, daß die Beobachtung im Meridian geschehe, sondern sie kann in jedem Vertikalkreise statt finden, wenn man nur gewiß ist, den Stern in dem nämlichen Punkte wieder zu fassen, in welchem man ihn zuerst beobachtet hat. Denn da die Bewegung durchaus gleichförmig geschieht, so ist es einerlei, von welchem Punkt des Kreises man zu zählen anfängt. Die Zeit, welche der Stern braucht, um von irgend einem Punkt seines Kreislaufes bis wieder dahin zurückzukommen, heißt ein Sternentag, und dieses ist genau die Zeit, in welcher die Erde eine Umdrehung um ihre Achse vollendet.

145. Verändert aber die Erde nicht während ihrer Umdrehung zugleich ihre Stelle im Weltraum? schreitet sie nicht unterdessen in ihrer Bahn um die Sonne fort? Allerdings! Gleichwohl wird dadurch die eben dargestellte Ansicht der Sache nicht geändert. Denn da schon oben (§. 109.) gesagt worden ist, daß die Entfernung der Fixsterne von uns in Vergleich mit dem Durchmesser der ganzen Erdbahn als unendlich groß anzusehen wäre, oder, daß die ganze Erdbahn von den Fixsternen aus betrachtet zu einem Punkt zusammenschwände, so ist es in Beziehung

auf jene Weltkörper so gut, als ob die Erde sich nicht von ihrer Stelle bewegte. Man nehme an, es stelle CDEF (45. Fig.) die Erdbahn vor, die Erde befinde sich in C, und durch den Punkt A ihrer Oberfläche gehe die gerade Linie Ca nach einem Fixstern in a, während ihrer Umdrehung sei sie bis D fortgerückt; man ziehe durch D und C die gerade Linie Dg, so ist klar, daß die Erde eine Umdrehung vollendet hat, wenn die aus ihrem Mittelpunkt durch A gezogene Linie mit Dg denselben Winkel wie in C macht. Ist aber á Dg = a Cg, so ist Dá parallel Ca; folglich treffen diese Linien in einem unendlich entfernten Punkt, d. i. in dem Fixstern a, zusammen. So oft also, während des Umlaufs der Erde, die aus ihrem Mittelpunkt durch A gezogene Linie nach dem Fixsterne in a gerichtet ist, so oft hat die Erde sich um ihre Achse gedreht. Es ist aber auch nicht nöthig, die Linie aus dem Mittelpunkt gehen zu lassen; sie kann jede beliebige Neigung gegen die Horizontal-Ebene haben, z. B. wie A α; es ist auch dann leicht zu sehen, daß die Erde eine Umdrehung vollendet haben muß, so oft die in gleicher Lage gegen den Horizont gerichteten Linien, wie A $\acute{\alpha}$, mit A α parallel gehen. Man denke sich also ein Fernrohr in irgend einer Lage befestigt, so daß man einen Fixstern dadurch sehen kann, so kann man schließen, daß, so oft der

Stern im Fernrohr erscheint, so oft die Erde sich um ihre Achse gedreht habe.

146. Da die Umdrehung der Erde immer mit gleichförmiger Geschwindigkeit geschieht, so ist ein Sternentag dem andern vollkommen gleich. In dieser Rücksicht wäre die Bewegung der Fixsterne das schicklichste Zeitmaaß für uns, und wirklich bedienen sich die Astronomen desselben häufig zu Bestimmung ihrer Beobachtungen. *) Der mächtige Einfluß der Sonne aber auf unser Leben und unsere Geschäfte hat gemacht, daß man für gewöhnlich lieber ihren Lauf zur Abmessung der Zeit gewählt hat; und man nennt den Zeitraum, der zwischen zwei zunächst auf einander folgenden Durchgängen der Sonne durch den Meridian verstreicht, einen Sonnentag. Dieser wird, eben so wie der Sternentag, in 24 Stunden, die Stunde in 60 Minuten, die Minute in 60 Secunden eingetheilt; da aber der ganze Son-

*) Ein Sternentag der Astronomen ist eigentlich die Zeit, welche zwischen zwei zunächst auf einander folgenden Durchgängen des Frühlings-Nachtgleichenpunkts durch den Meridian verstreicht, und da dieser Punkt sich nach und nach, wiewohl sehr langsam ändert (Vorrückung der Nachtgleichen), so ist ein solcher Tag noch um ein sehr weniges, das jedoch für jeden einzelnen Tag als Null zu betrachten ist, von dem oben bestimmten Sternentage verschieden.

nentag etwas größer ist als ein Sternentag, so sind auch die Unterabtheilungen desselben etwas größer als die gleichnamigen des letztern.

147. Dieser Unterschied rührt daher, daß die Sonne, während einer scheinbaren Umdrehung des Himmels, von Morgen gegen Abend, in ihrer Bahn beinahe um einen Grad von Abend gegen Morgen scheinbar vorrückt. Man denke sich, der Punkt a (8. Fig.) am Himmel befinde sich im Meridian des Ortes A auf der Erde, und die Sonne stehe zu einer gewissen Zeit in a; während sich aber der Himmel in der Richtung a r s c herumdreht, sei sie in ihrer Bahn gegen b um einen Grad vorgerückt; so wird der Punkt a in den Meridian von A zurückgekehrt seyn, und folglich einen Umlauf am Himmel vollendet haben, die Sonne aber wird noch um einen Winkel, dessen Größe von der Größe des durchlaufenen Bogens und seiner Lage gegen den Aequator abhängig ist, vom Meridian entfernt seyn, und also um so viel später dahin anlangen, als bei der Umdrehung des Himmels zu einem solchen Winkel erforderlich ist. Wenn also die Sonne in den Meridian von A zurückkehrt, so hat sich der Himmel unterdessen um etwas mehr als ein ganzes Mal scheinbar um seine Achse gedreht; folglich beträgt die Zeit von einem Mittag zum andern etwas mehr, als die Zeit, welche zwischen zwei zunächst auf ein-

ander folgenden Durchgängen eines Fixsterns durch den Meridian eines Ortes verstreicht.

148. Die Größe aber, um welche hiernach ein Sonnentag von einem Sternentage unterschieden ist, ist nicht immer gleich. Denn erstens bewegt sich die Erde nicht durchaus mit gleicher Geschwindigkeit in ihrer Bahn; zweitens, da sie nicht einen Kreis, sondern eine Ellipse um die Sonne beschreibt, in deren einem Brennpunkte die letztere steht, so würden nicht einmal gleiche Bogen, von der Sonne aus gesehen, unter gleichen Winkeln erscheinen; die Ungleichheit wird aber dadurch noch vergrößert, daß die Bewegung der Erde in der Sonnennähe gerade am schnellsten ist. Man denke sich z. B. die Sonne in S (Tab. IV. Fig. 46 a.) und die Erde beschreibe in der Sonnennähe in einer gewissen Zeit den Bogen a b, so erscheint dieser aus der Sonne unter dem Winkel a S b; nimmt man dagegen den kleinern Bogen c d, welchen die Erde in der Sonnenferne in einer gleichen Zeit durchlaufen soll, so erscheint dieser unter dem Winkel c S d, der aus leicht einzusehenden Gründen merklich kleiner als jener seyn muß. So groß aber die Winkel sind, unter welchen die Bogen, die die Erde in gewisser Zeit durchläuft, von der Sonne aus gesehen erscheinen, so groß sind die Bogen der Ecliptik, welche die Sonne in derselben Zeit zu durchlaufen s c h e i n t. Also muß die Sonne

zu der Zeit, wenn die Erde ihr am nächsten steht, jeden Tag einen größern Bogen ihrer Bahn zu durchlaufen scheinen, als wenn die Erde weiter von ihr entfernt ist.

149. Indessen hängt der Unterschied zwischen einem Sonnen- und einem Sternentage nicht allein von der Größe des Bogens ab, um welchen sich die Sonne jeden Tag in ihrer Bahn fortbewegt, sondern auch von der Lage dieses Bogens gegen den Aequator. Denn man setze, es sei A C Q (47. Fig.) der Aequator, und A E Q die Ecliptik; ferner sollen die Bogen der Ecliptik A b, b d, d e, m n einander gleich seyn, und durch die Endpunkte derselben die Meridiane N b S, N d S u. s. w. gehen, so sind die Bogen des Aequators Aβ, $\beta\gamma$, $\gamma\delta$, $\mu\nu$ nicht auch einander gleich, sondern werden nach der Mitte zu immer größer. Der Grund davon fällt in die Augen: bei A hat der Bogen der Ecliptik eine größere Neigung gegen den Aequator, als weiter nach der Mitte E zu, wo der Bogen m n dem Bogen des Aequators $\mu\nu$ beinahe parallel läuft. Hier ist $\mu\nu$ merklich größer als m n, weil die Meridiane N m S und N n S bei μ und ν am weitesten auseinander stehen. Hingegen bei A ist der Bogen des Aequators Aβ, der Kathete des rechtwinkligen Dreiecks A b β, und da die Winkel bei A und b spitz sind, so ist Aβ

kleiner als die Hypotenuse Ab. Nun sind die Bogen des Aequators Aβ, $\beta\gamma$ u. s. w. die Maaße der Stundenwinkel ANβ, βNγ u. s. w., und *auf diese* kommt es bei dem Unterschiede der Tageslängen an. Denn bei der täglichen Umwälzung des Himmels schieben sich in gleichen Zeiten zwar gleiche Bogen des Aequators, *aber nicht der Ecliptik*, durch den Meridian; umgekehrt also können gleiche Bogen der Ecliptik, die durch den Meridian gehen, *ganz ungleichen Zeiten* zugehören.

Gesetzt, es sei Ab der Bogen, um welchen die Sonne in einem Tage fortgerückt wäre, er sei $= 1^{\circ}$, so wäre der Bogen Aβ oder der Winkel AN$\beta = 55' \; 2''$, welcher in Zeit verwandelt 3 Min. $40\frac{2}{15}$ Sec. ausmacht; nimmt man darauf mn ebenfalls $= 1^{\circ}$, so ist der dazu gehörige Bogen $\mu\nu = 1^{\circ} \; 5' \; 26''$, und dieser macht in Zeit verwandelt 4 Min. $21\frac{11}{15}$ Sec. aus. Also wäre in diesem Fall der Unterschied zwischen einem Sonnen- und einem Sternentage um $41\frac{3}{5}$ Sec. größer als in jenem.

150. Diese Ungleichheit der wahren Sonnentage hat zu einer dritten Art von Zeitbestimmung Veranlassung gegeben, nämlich zur Einführung der *mittlern Sonnentage*. Unter diesen versteht man Tage von durchgehends gleicher Größe, die zwischen den wahren Sonnentagen eines ganzen Jahres ungefähr das Mittel halten, und welche in

der Natur alsdann statt finden würden, wenn die Sonne ihren scheinbaren Lauf nicht nur mit gleichförmiger Geschwindigkeit, sondern auch in der Ebene des Aequators, in derselben Zeit vollendete, in welcher sie ihn jetzt bei ungleicher Bewegung in der Ecliptik wirklich vollendet. Doch ist, genau genommen, die Zeit, in welcher die Sonne ihren jedesmaligen scheinbaren Umlauf vollendet, nicht vollkommen gleich, und folglich sind auch die Jahre nicht genau von gleicher Länge. Man nennt daher ein mittleres Jahr einen Zeitraum von immer gleicher Größe, wodurch die Ungleichheiten der wirklichen Jahre wieder ausgeglichen werden, so daß eine gewisse Periode eben so viel mittlere Jahre von gleicher Größe begreift, als sie wirkliche Jahre von ungleicher Größe in sich faßt. Bewegte sich die Sonne mit gleichförmiger Geschwindigkeit in ihrer Bahn, so würde sie immer genau in der Zeit eines mittlern Jahres ihren Umlauf vollenden. Gleichwohl würden die wahren Sonnentage noch von verschiedener Größe seyn, wegen der verschiedenen Lage der von der Sonne in einem Tage durchlaufenen Bogen gegen den Aequator. Eben diese Ungleichheiten aber werden durch die mittlern Sonnentage ausgeglichen. Denkt man sich also, die Sonne bewegte sich im Aequator mit gleichförmiger Geschwindigkeit, und vollendete ihren Umlauf in der

Zeit eines mittlern Jahres, so würde die Zwischenzeit je zweier zunächst auf einander folgender Durchgänge derselben durch den Meridian eines Ortes einen mittlern Sonnentag ausmachen. Ein solcher Tag übertrifft den Sternentag um 3 Min. $56\frac{1}{2}$ Sec. Sternenzeit an Größe, und ein Sternentag ist um 3 Min. 55,9 Sec. Sonnenzeit kleiner als ein mittlerer Sonnentag. Folglich macht die Erdkugel eine wirkliche, oder die Himmelskugel eine scheinbare Umdrehung in 23 Stunden, 56 Min., $4\frac{1}{10}$ Sec. mittlerer Zeit; und der Bogen, um welchen die Sonne bei gleichförmiger Bewegung im Aequator täglich fortrücken würde, beträgt 59 Min. $8\frac{1}{2}$ Sec.

151. Die Astronomen bedienen sich heut zu Tage bald der einen bald der andern der drei genannten Arten von Zeitbestimmungen, und bezeichnen daher die in jedem Fall gebrauchte Art durch den Beisatz: Sternenzeit, oder wahre Zeit, oder mittlere Zeit. Die wahre Zeit eines Ortes wird dadurch gefunden, daß man den Augenblick bestimmt, in welchem der Mittelpunkt der Sonne durch den Meridian desselben geht, wozu die Astronomen verschiedene Methoden haben. Auch die Sternenzeit wird durch Beobachtung der Culminationen der Fixsterne bestimmt. Die mittlere Zeit aber läßt sich nur durch Rechnung aus einer von jenen herleiten, und man hat Tabellen, in welchen der Unterschied

der wahren und mittlern Zeit, unter dem Namen der Zeit-Gleichung, für jeden Tag des Jahres, angegeben ist.

Die Uhren der Sternwarten gehen entweder nach Sternen- oder nach mittlerer Zeit, weil diese Arten allein einen gleichförmigen Gang der Uhr gestatten. Eine Uhr, welche wahre Zeit zeigen sollte, müßte jeden Tag anders, bald etwas geschwinder, bald etwas langsamer gehen. Indessen hat man bekanntlich eine sehr einfache Art von Uhren, ohne alles Räderwerk, welche bestimmt sind, wahre Zeit zu zeigen — die Sonnenuhren.

Einer sehr künstlichen Pendel-Uhr, die eingerichtet wäre nach wahrer Zeit zu gehen — von dem Mechanikus Gerber zu Liegnitz verfertigt — wird in den Annal. der Phys. LX. Bd. S. 109. rühmlichst gedacht.

152. Genaue Zeitbestimmungen sind bei den meisten Arten astronomischer Beobachtungen unentbehrlich, und da sie allein vom Himmel hergenommen werden können, so machen sie ein vorzügliches Geschäft des praktischen Astronomen aus. Sie sind auch das eigentliche Hülfsmittel zur Auffindung der geographischen Längen, daher ist es eben sowohl die Sache der Astronomie, die geographische Länge eines Ortes, als die Breite desselben zu bestimmen.

153. Es ist nämlich schon oben (§. 140.) gezeigt worden, daß alle Tageszeiten auf der ganzen Erd-

kugel zugleich statt finden, und daß ein Unterschied von 15 Graden in der Länge einen Zeitunterschied von einer Stunde ausmacht; ferner daß ein Ort vor dem andern in der Zeit voraus, oder hinter ihm zurück ist, je nachdem er demselben gegen Osten oder gegen Westen liegt. Man kann also den Längenunterschied zweier Orte aus ihrem Zeitunterschiede durch eine bloße Regel de tri finden. Wäre es z. B. an einem Orte, A, Mittag, wenn es an einem andern, B, schon 25 Minuten auf eins ist, so giebt die Regel de tri

$$60 \text{ Min.} : 25 \text{ Min.} = 15 \text{ Grad} : x$$

den Längenunterschied $x = 6^\circ\, 15'$, und um so viel läge B östlicher als A. Hierbei ist es einerlei, welcher Art von Zeitbestimmung man sich bediene, ob der Sternenzeit, wahren oder mittlern Zeit. Denn gesetzt, zwei Orte wären um 15 Grad in der Länge verschieden, so würde ein Fixstern gerade eine Stunde Sternenzeit gebrauchen, um aus dem Meridian des einen Ortes in den des andern zu kommen. In einer Stunde Sonnenzeit würde er zwar etwas weiter kommen, oder die Himmelskugel würde sich in dieser Zeit um etwas mehr als 15 Grade fortdrehen, aber die Sonne rückt in dieser Zeit so viel von Abend gegen Morgen fort, daß sie gerade in einer Stunde Sonnenzeit aus dem Meridian des einen Ortes in den des andern gelangt.

Die Sonne beschreibt in einer Stunde Sonnenzeit eben sowohl den 24sten Theil ihres täglichen Umlaufs, als ein Stern in einer Stunde Sternenzeit den 24sten Theil des seinigen. Rechnet man also beide Umläufe zu 360 Graden, so müssen auf gleiche aliquote Theile beider gleich viel Grade kommen. Die mittlere Zeit endlich wird nach der wahren für alle Orte auf gleiche Weise bestimmt, und kann daher hier eben sowohl als diese gebraucht werden. Es kommt nur darauf an, daß man einerlei Zeitbestimmung für diejenigen Orte anwendet, deren Längenunterschied bestimmt werden soll.

154. Bei dieser Methode, den Längenunterschied zweier Orte aus ihrem Zeitunterschiede zu finden, kommt es darauf an, daß, wenn man den Augenblick irgend einer Erscheinung am Himmel, oder irgend eines Ereignisses an dem einen Orte nach dortiger Zeit bestimmt hat, man in Erfahrung bringe, welche Zeit es in dem nämlichen Augenblicke an dem andern Orte gewesen sei. Hierzu hat man mancherlei Hülfsmittel. Das bequemste sind Uhren von einem so genauen Gange, daß, wenn man sie an dem einen Orte nach dortiger Zeit gestellt hat, und mit ihnen nach einem andern Orte reist, sie ununterbrochen die Zeit des ersten Ortes angeben. Man darf sie alsdann nur mit einer richtig gehenden Uhr des letztern Ortes, die nach derselben Art von Zeitbestimmung

gestellt ist, vergleichen, um sogleich den Zeitunterschied beider Orte zu erhalten. Freilich erfordern genaue Zeitbestimmungen immer sorgfältige astronomische Beobachtungen, und daher hat die Anwendung dieses Mittels ihre praktischen Schwierigkeiten. Hierzu kommt noch, daß man in der That keine Uhren hat, die so vollkommen sind, daß sie nicht durch die mit einem längern oder kürzern Transport verbundenen Erschütterungen und Veränderungen der Temperatur in ihrem Gange etwas gestört werden sollten. Indessen giebt es doch ziemlich vollkommene Werkzeuge dieser Art von verschiedener Größe und Einrichtung, die unter dem Namen der Seeuhren, Längenuhren, Zeithalter, Chronometer, zu Längenbestimmungen gebraucht werden; sie erfordern aber eine sorgfältige und vorsichtige Behandlung.

155. Ein anderes Hülfsmittel besteht darin, daß zwei Beobachter an verschiedenen Orten einerlei Erscheinung am Himmel, ein jeder nach der Zeit seines Ortes, beobachten. Vergleicht man darauf ihre Beobachtungen, so läßt sich daraus der Zeitunterschied beider Orte, und folglich auch ihr Längenunterschied finden. Die Erscheinungen, die man zu solchen Beobachtungen anwendet, sind von doppelter Art: 1) solche, die an allen Orten, wo sie sichtbar werden, in dem nämlichen Augenblick erschei-

nen, dergleichen Mondfinsternisse und Verfinsterungen der Jupiterstrabanten sind; 2) solche, die an verschiedenen Orten, sich zu verschiedener Zeit ereignen; von der Art sind Sonnenfinsternisse, Bedeckungen von Sternen durch den Mond, Monds-Culminationen, Monds-Höhen, Monds-Distanzen, Durchgänge der Planeten vor der Sonnenscheibe. Die Erscheinungen der zweiten Art erfordern mühsamere und schwierigere Rechnungen, geben aber zuverlässigere Resultate als die der ersten. Bei kleinern Entfernungen sind Pulversignale oder andere Zeichen, die man an beiden Orten zugleich sehen kann, vortheilhaft zu gebrauchen. Für solche Fälle hat man neuerlich auch Sternschnuppen in Vorschlag gebracht, aber bei der Ungewißheit ihrer Erscheinung, und der Unsicherheit in Ansehung der Identität des beobachteten Phänomens sind sie hierzu von keinem großen Werth.

156. Seitdem die Theorie des Mondlaufes so vervollkommnet ist, daß man sehr genaue Tafeln über denselben hat verfertigen können, wodurch es möglich geworden ist, seinen Stand am Himmel für irgend einen Ort der Erde und für irgend eine Zeit im voraus zu berechnen, hat man Beobachtungen der Abstände des Mondes von der Sonne oder von Fixsternen, auch wohl von Planeten, für

ein ganz vorzügliches Mittel zu Längenbestimmungen anerkannt. Man beobachtet nämlich den Abstand des Mondes von einem andern Gestirn nach der Zeit des Ortes, an welchem man sich befindet, und berechnet darauf, wenn er denselben Abstand nach der Zeit eines andern Ortes, gegen welchen man die Länge des erstern bestimmen will, haben mußte. Da jedoch der Mond, von verschiedenen Orten der Erdoberfläche betrachtet, zu derselben Zeit nicht gerade einerlei scheinbaren Abstand von demselben Gestirn hat, so muß man die Rechnung so anstellen, als ob er aus dem Mittelpunkt der Erde beobachtet würde, und auf eben diesen Punkt auch den beobachteten Abstand reduziren. Diese Methode liefert desto genauere Resultate, je vollkommner die dabei gebrauchten Mondstafeln sind, vorausgesetzt, daß die Beobachtungen selbst mit gehöriger Genauigkeit angestellt werden.

Man hält dieses Verfahren gegenwärtig für das beste, das sich auf Schiffen gebrauchen läßt, um die Länge derselben auf der See, oder die sogenannte Meereslänge, zu finden; indem das Schwanken des Schiffes den Gebrauch feststehender Instrumente verhindert, Monds-Abstände aber sich bequem mit dem Sextanten messen lassen.

Ehedem fand man große Schwierigkeiten, den Ort eines Schiffes mitten auf dem Meere, vornehmlich in

Rücksicht der Länge, zu bestimmen. Mehrere seefahrende Mächte setzten daher ansehnliche Belohnungen für die beste Methode, dieses zu bewerkstelligen, aus. Der Preis des englischen Parlaments von 20000 Pf. Sterl. veranlaßte die Erfindung der Seeuhren durch Harrison, der auch einen Theil des Preises erhielt. Einen andern, wiewohl geringern Theil desselben hat neuerlich Mudge für seine Chronometer erhalten. Die Mondstafeln von Tobias Mayer wurden gleichfalls in England einer ansehnlichen Belohnung werth geachtet, welche auch den Erben desselben zu Theil wurde. Neuerlich wurde in Frankreich ein Preis auf die Verfertigung der besten Mondstafeln gesetzt, und dieser, verdoppelt, dem Professor Bürg zuerkannt. — Die ältere Geschichte dieses Gegenstandes findet man in „Hassencamps kurzer Geschichte der Bemühungen die Meereslänge zu erfinden." Rinteln 1769. 8. Vergl. auch „Brodhagen von den verschiedenen bisher bekannten Methoden zur Bestimmung der geographischen Länge und Breite besonders in Rücksicht des Seemanns." Hamburg 1791. 4. — Eine vortreffliche Anweisung zur praktischen Bestimmung der Breiten und Längen giebt Bohnenberger's Anleitung zur geograph. Ortsbestimmung, vorzüglich vermittelst des Spiegelsextanten. Göttingen 1795. 8.

157. Endlich verdient auch bemerkt zu werden, daß die Lage eines Ortes, sowohl in Rücksicht seiner Länge, als seiner Breite, durch geodätische Operazionen oder durch geome-

trische Vermessungen gefunden werden kann. Es ist zwar hier der Ort nicht, diese Art von Vermessungen überhaupt zu beschreiben und zu erklären, indessen kann doch folgendes hinreichen zu zeigen, wie sich geographische Ortsbestimmungen dadurch machen lassen. Es sei A (48. Fig.) ein Ort, dessen Länge und Breite durch astronomische Beobachtungen bereits bestimmt ist, und die Lage eines andern Ortes, B, soll durch Vermessung gefunden werden, so denke man sich, es sei durch A ein Bogen des Meridians, AD, gezogen, und auf diesen gehe aus B der Bogen BC senkrecht, welcher als Bogen eines größten Kreises anzusehen ist, und daher den Abstand des Ortes B vom Meridian des Ortes A bestimmt. Man nennt den Bogen BC das Perpendikel auf den Meridian, und den Bogen AC den Abstand des Ortes A vom Perpendikel. Kennt man aber diese Bogen, so ist es leicht, mit Hülfe der Länge und Breite von A die Lage von B zu bestimmen. Denn nimmt man an, es sei der Meridian von A bis in den Pol P (49. Fig.) verlängert, und aus P durch B der Meridian PB gezogen, ingleichen aus B das Perpendikel BC, so erhält man ein sphärisches Dreieck PBC, in welchem PC, BC und C bekannt sind, folglich läßt sich daraus der Bogen PB, als Ergänzung der Breite von B, und der

Winkel P, als der Längenunterschied von A und B, finden. Es ist nämlich Cos P B = cos P C. cos B C. Bezeichnet man daher die Breite von B durch b, so ist

$$\sin b = \cos PC . \cos BC$$

ingleichen ist

$$\mathrm{tg}\, P = \frac{\mathrm{tg}\, BC}{\sin PC}.$$

Es versteht sich, daß die Linien A C und B C in irgend einem Längenmaaße gefunden, und erst in Bogen größter Kreise verwandelt werden müssen. Auch ist es selten möglich, daß sie unmittelbar gemessen werden könnten, und es wird daher nothwendig, irgend eine andere schicklich gewählte gerade Linie, als Standlinie oder Basis, zu messen, diese mit einer Reihe von Dreiecken, zwischen welchen sich die Linien B C und A C hinziehen, in Verbindung zu setzen, und vermittelst derselben die Größe von B C und A C zu berechnen.

Achter Abschnitt.

Von der sphäroidischen Gestalt der Erde.

158. Es ist schon oben bemerkt worden (§. 19.), daß die Erde keine vollkommene Kugel sei. Schon theoretische Gründe lassen bei ihr eine Abweichung von der Kugelgestalt vermuthen. Man ist daher in neuern Zeiten sehr bemüht gewesen, und noch immer fort bemüht, ihre wahre Gestalt theils durch unmittelbare Messungen, theils durch Rechnungen zu bestimmen.

159. Bestände die Erde durchaus aus einer tropfbar flüssigen Masse, und befände sich in vollkommner Ruhe, so würde sie, vermöge der gegenseitigen Anziehung ihrer Theile, wie ein frei schwebender Wassertropfen, eine vollkommene Kugelgestalt annehmen, vorausgesetzt, daß keine andern Körper durch ihre Einwirkung von außen ihre Gestalt veränderten. Sobald wir uns aber denken, die flüssige Kugel drehe sich um ihre Achse, so erhalten alle Theile derselben ein Bestreben, sich von der Achse zu entfernen; denn es ist eben so, als ob sie um die Achse herumgeschleudert würden. Ist also die Flieh-

kraft, welche die Theile durch den Umschwung erhalten, in Vergleich mit der Größe der anziehenden Kraft bedeutend; so muß die Wirkung der letztern auch merklich dadurch geändert werden, und dann wird eine Veränderung in der Gestalt der Kugel erfolgen müssen.

160. Der Grund einer solchen Veränderung liegt vornämlich in der ungleichen Größe der Fliehkraft in den verschiedenen Theilen des sich umdrehenden Körpers. Denn gesetzt, es drehe sich die Erdkugel um ihre Achse AB (50. Fig.), so verhalten sich die Geschwindigkeiten, mit welchen die verschiedenen Theile der Oberfläche herumgeschleudert werden, wie die Kreise, welche diese beschreiben. Nun verhalten sich die Peripherien der Parallelkreise zu dem Umfange des Aequators, wie die Cosinus ihrer Breiten zum Sinus totus; folglich verhalten sich auch die Geschwindigkeiten der verschiedenen Punkte der Erdoberfläche, wie die Cosinus der Breiten dieser Punkte. Und da nach bekannten Gesetzen der Mechanik sich die Flieh- oder Schwungkräfte verhalten, wie die Quadrate der Geschwindigkeiten dividirt durch die Halbmesser der Kreise, in welchen die Körper schwingen, so verhalten sich die Fliehkräfte in verschiedenen Parallelkreisen der sich drehenden Erdkugel, wie die Quadrate der Cosinus der

Breiten dieser Kreise dividirt durch ihre Halbmesser. Die Halbmesser aber verhalten sich ebenfalls wie die Cosinus der Breiten. Setzt man daher die Breite zweier Parallelkreise = x und y, und die Fliehkräfte in ihnen = k und k′, so ist

$$k : k' = \frac{\cos x^2}{\cos x} : \frac{\cos y^2}{\cos y} = \cos x : \cos y$$

d. h. die Fliehkräfte in verschiedenen Parallelkreisen verhalten sich wie die Cosinus der Breiten derselben.

Man vergleiche *Poisson traité de mecanique* Tom. I. No. 259. s. — Gehler's physikal. Wörterbuch Art. Centralbewegung.

161. Hierzu kommt noch, daß die Fliehkraft vermöge ihrer Richtung der Schwerkraft unter dem Aequator mehr entgegenwirkt, als unter den Parallelkreisen. Ein Körper im Aequator, z. B. in D (50. Fig.), wird durch den Umschwung der Erde in der Ebene des Aequators herumgeschleudert, und würde in dieser Ebene fortfliegen, wenn er nicht durch die Schwere zurückgehalten würde. Die Richtung der Schwere aber, die überall senkrecht auf die Oberfläche der Erde hingeht, fällt auch in diese Ebene. Hingegen in einem Parallelkreise, z. B. in F, wirkt die Fliehkraft in einer Richtung, die in der Ebene dieses Kreises liegt, während die Schwerkraft in der Richtung FC wirkt. Folglich

wirkt die Fliehkraft nur mit einem Theil ihrer Stärke der Schwere entgegen. Es stelle F a die Größe der Fliehkraft in der Richtung F a vor, und man zerlege es in a b und F b, so ist F a : F b = C F : F K, d. i. die ganze Fliehkraft verhält sich zu ihrer Einwirkung gegen die Schwere, wie der Sinus totus zum Cosinus der Breite des Parallelkreises. Da nun die Fliehkräfte selbst sich schon wie die Cosinus der Breite verhalten, so verhalten sich ihre Wirkungen gegen die Schwere wie die Quadrate der Cosinus der Breite.

162. Daraus folgt, daß die Wirkung der Schwerkraft auf die Körper durch die Fliehkraft unter dem Aequator am stärksten vermindert wird, weiter nach den Polen hin immer weniger, und unter den Polen selbst, wo die Fliehkraft Null ist, gar nicht. Folglich müssen die Körper in der Nähe des Aequators eine geringere Schwere, als in der Nähe der Pole haben, oder dort einen geringern Druck als hier ausüben. Freilich läßt sich dieser Unterschied nicht vermittelst der Waagschale entdecken, da die Schwere der Gewichte, deren wir uns bei der Waage bedienen, in eben dem Verhältniß ab- oder zunimmt, wie die Schwere der zu wiegenden Körper selbst; indessen giebt es andere Mittel dazu (s. unten §. 165.). Denken wir uns also den Erdkörper flüssig, oder aus Wasser bestehend, so müßte das Wasser in der

Nähe des Aequators spezifisch leichter, als näher nach den Polen zu, seyn, folglich könnte aus hydrostatischen Gründen eine Wassersäule unter dem Aequator einer gleich hohen unter den Polen nicht das Gleichgewicht halten, sondern jene müßte höher als diese seyn; d. h. mit andern Worten, die Oberfläche des Wassers unter dem Aequator müßte weiter vom Mittelpunkt der Erde entfernt seyn, als die Oberfläche des Wassers unter den Polen — und daraus würde eine um die Pole abgeplattete Gestalt der Erdkugel entstehen.

163. Nun besteht zwar unser Erdkörper nicht aus lauter Wasser, inzwischen bedeckt das Wasser doch einen großen Theil seiner Oberfläche, und erstreckt sich von beiden Polen in ununterbrochenem Zusammenhang bis zum Aequator. Es muß also auch hier dasselbe statt finden, was bei einer aus lauter Wasser bestehenden Erdkugel gelten würde, nämlich daß das Wasser unter dem Aequator und in der Nähe desselben höher als weiter nach den Polen hin stehet. Hätte es aber mit dem trocknen Theil der Erdoberfläche nicht dieselbe Bewandtniß, so müßten die Gegenden um den Aequator durchaus von Wasser bedeckt seyn, welches doch nicht der Fall ist. Folglich muß der trockne Theil der Erde bei seiner Entstehung ungefähr dieselbe Gestalt angenommen oder dieselbe Krümmung erhalten haben, wie

der wässerige Theil — woraus sich weiter schließen läßt, daß er bei der Entstehung der Erdkugel nicht die Festigkeit wie gegenwärtig gehabt haben könne, sondern von einer flüssigen Beschaffenheit gewesen seyn müsse. Und so ergiebt sich, daß unser Erdkörper, auch bei der jetzigen Beschaffenheit seiner Bestandtheile, eine um die Pole herum abgeplattete Gestalt haben müsse.

164. Um das Verhältniß der Fliehkraft zu der Schwere unter dem Aequator zu finden, stelle der Kreis um C (51. Fig.) den Aequator vor; dann denke man sich, ein Körper in A werde durch den Umschwung der Erde in einem sehr kleinen Zeittheil von A nach B getrieben; so würde er in B um die Linie Bm weiter von C entfernt seyn, als in A. Die Größe Bm ist die Wirkung der Fliehkraft, welcher die Kraft der Schwere, die den Körper in m erhält, entgegenwirkt. Setzt man nun den Erdhalbmesser $= a$, so ist $a^2 + AB^2 = BC^2 = (a + Bm)^2 = a^2 + 2aBm + Bm^2$; und folglich $Bm = \frac{AB^2}{2a}$, wenn man Bm^2 als ein sehr kleines der zweiten Ordnung vernachlässigt. Rechnet man ferner, daß die Erde sich in 86164 Secunden mittlerer Zeit einmal herumdreht, und daß der Halbmesser des Aequators $= 19{,}631880$ par. Fuß beträgt, so ist der Weg, den der Körper in einer Secunde macht, und welchen

man A B gleichsetzen kann, 1431,5 par. Fuß, und hiernach würde B m = 0,052196 par. Fuß ausmachen. Um so viel also würde die Fliehkraft unter dem Aequator einen Körper in einer Secunde vom Mittelpunkt der Erde weiter entfernen. Nun fällt ein Körper unter dem Aequator in einer Secunde durch 15 par. Fuß 0 Z. 7,4 Lin. = 15,0515... par. Fuß. Dieß ist die Wirkung der durch die Fliehkraft verminderten Schwerkraft; folglich würde diese allein den Körper in einer Secunde durch 15,103696 par. Fuß treiben. Mithin verhält sich die ursprüngliche oder unverminderte Schwerkraft unter dem Aequator zu der Fliehkraft daselbst, wie 15,1036... : 0,05219... = 1 : 0,003455... oder = 289,3 : 1 d. h. die Schwerkraft unter dem Aequator ist, ungefähr 289 mal so groß, als die Fliehkraft daselbst.

165. Durch Beobachtungen von Richer in Cayenne im Jahr 1671 wurde die aus theoretischen Gründen erkannte Verminderung der Schwere in der Nähe des Aequators zuerst bestätigt. Er fand nämlich vermittelst einer Pendeluhr, daß ein Pendel in Cayenne langsamer schwinge als ein gleiches in Paris. Da nun Pendel von gleicher Länge bei gleicher Schwerkraft einerlei Schwingungen machen, so folgte hieraus, daß in Cayenne eine geringere

Schwerkraft auf das Pendel wirke. Hugenius folgerte weiter, daß die Erde aus eben den Gründen, aus welchen die Schwere unter dem Aequator geringer als unter den Polen ist, eine abgeplattete Gestalt haben müsse. Dasselbe behauptete auch Newton, und es kam nun darauf an, auch diese Meinung durch bestimmte Beobachtungen zu prüfen. Dieß konnte dadurch geschehen, daß man die Größe eines Meridiangrades in verschiedenen Breiten maß. Denn ist die Erde um die Pole herum abgeplattet, und man nimmt einen Durchschnitt derselben in der Ebene eines Meridians, so ist die Krümmung desselben nicht überall gleich, sondern wird nach den Polen zu geringer; die Bogen desselben werden je weiter vom Aequator desto flacher, und gehören also Kreisen mit immer größern Halbmessern zu; folglich muß auch die Größe eines Grades auf ihnen immer größer werden. Es stelle z. B. nasq (52. Fig.) einen solchen Durchschnitt vor, wo aq der Durchmesser des Aequators, und ns die Erdachse sei; macht man den Winkel am Aequator acb dem Winkel den am Pole gleich, so ist der Bogen des letztern, dn, größer als der Bogen des erstern, ab.

Die 52ste Figur stellt nicht die wirkliche Gestalt eines Erdmeridians dar; diese kommt dem Kreise viel näher, aber um den Unterschied der Bogen am Aequator und am Pol augenscheinlicher zu machen, ist die Abweichung absichtlich vergrößert worden.

166. Man hatte schon dergleichen Gradmessungen von Snellius in Holland (vom Jahre 1615), von Norwood in England (1633—35), von Picard in Frankreich (1669); allein die Resultate derselben stimmten nicht mit der angenommenen Meinung überein. Es wurde daher die Picard'sche Messung in Frankreich durch Joh. Dominikus Cassini und seinen Sohn gegen Ende des siebenzehnten Jahrhunderts fortgesetzt; und da auch diese — wegen mangelhafter Instrumente und Methoden — das Gegentheil von dem ergab, was man zu finden erwartete, so fing man an die Newton'sche Meinung zu bestreiten, und die Erde für ein nach den Polen hin länglichtes Sphäroid zu halten. Diese Streitigkeiten, die zum Theil mit vieler Lebhaftigkeit geführt wurden, veranlaßten die berühmten Gradmessungen in Peru und in Lappland, in den Jahren 1735 — 44, die durch die Pariser Akademie der Wissenschaften auf königliche Kosten veranstaltet und vornehmlich von französischen Akademisten ausgeführt wurden. Durch diese wurde die Newton'sche Behauptung, daß die Erde nach den Polen zu abgeplattet sei, vollkommen bestätigt.

Nach Amerika wurden geschickt: Bouguer, la Condamine, Godin, Jussieu und Couplet — nach Lappland:

Maupertuis, Clairaut, Camus, Le Monnier und der Abbé Outhier. Die erstern wurden von zwei spanischen Offizieren, den Brüdern Georg Juan und Antonio de Ulloa begleitet, und zu den letztern gesellte sich Celsius aus Upsal. Die Resultate von ihren Arbeiten finden sich in folgenden Schriften:

La figure de la terre determinée par les observations des Msrs. *Bouguer* et *de la Condamine* etc. par M. *Bouguer*. Paris. 1749. 4.

Mesure des trois premiers degrés du Meridien dans l'hémisphère austral, par Mr. *de la Condamine*. Paris. 1751. 4.

De la Condamine Journal historique du voyage fait par ordre du Roi à l'équateur. Paris. 1751.

Justification de plusieurs faits, qui concernent les operations des academiciens à Perou etc. par *Bouguer*. Paris. 1752.

Supplément au Journal historique et au livre de la Mesure des trois prem. degrés etc. par M. *de la Condamine*. Paris. 1752.

Lettre dans laquelle on discute divers points d'astronomie et remarques sur les Supplemens au Journal historique etc. par M. *Bouguer*. — Reponse à la lettre de Mr. Bouguer etc. Paris. 1754.

Relacion historica del viage a la America meridional por D. George Juan y D. Anton. de Ulloa. Madrid. 1748. 4.

Figure de la terre determinée par les observations des Msrs. de Maupertuis, Clairaut etc. Paris. 1738. 8.

Journal d'un voyage au Nord par Mr. l'Abbé *Outhier*. Paris. 1744. 4.

Theorie de la figure de la terre, tirée des principes de l'hydrostatique par M. *Clairaut.* Paris. 1743. 8.

167. Bouguer bestimmte die Größe eines Meridiangrades am Aequator, nach seiner Messung, auf 56753 Toisen; und Maupertuis die Größe eines Meridiangrades unter 66° 19′ nördlicher Breite auf 57437,9 Toisen, wofür Bouguer, wegen der Strahlenbrechung, 57422 Toisen setzte. Hieraus ergiebt sich die Größe der Abplattung $= \frac{1}{215,95}$ oder $\frac{1}{216}$, d. h. die halbe Erdachse ist um $\frac{1}{216}$ des Halbmessers des Aequators kleiner als dieser, oder die Erdachse verhält sich zum Durchmesser des Aequators, wie 215 : 216. Nach diesen Gradmessungen wurden in der Folge mehrere in verschiedenen Ländern und zu verschiedenen Zeiten unternommen, namentlich von Boscovich im vormaligen Kirchenstaat (1750—52.), von de la Caille am Vorgebirge der guten Hoffnung (1752), von Liesganig in Ungarn und Oesterreich (1762—69.), von Mason und Dixon in Pensilvanien (1764—68.), von Beccaria im Piemontesischen (1768.), von Reuben Burrow in Ostindien (1790—91.), und eine andere daselbst von William Lambton (1802.), von Mudge in England (1800—1802). Am berühmtesten ist die neuere ebenfalls von den Franzosen unternommene und mit ungemeiner Sorgfalt ausgeführte Gradmessung, die von Dünkirchen

bis Barcellona ging und einen Bogen von ungefähr $9\frac{2}{3}$ Graden umfaßte (1792—98.); alsdann (1803.) noch um 3 Grade weiter, bis zu den balearischen Inseln, fortgesetzt werden sollte, und als Mechain, der schon an dem ersten Theil der Messung einen vorzüglichen Antheil hatte, über der Arbeit starb, im Jahr 1806 und 1807 durch Biot, Arago und Rodriguez beendigt wurde. Eben diese wurde im Jahr 1817 noch mit der in England schon früher unternommenen Gradmessung in Verbindung gebracht, und bis nach Unst, der nördlichsten der shetländischen Inseln, fortgesetzt. Es ergiebt sich aber aus allen diesen Messungen der merkwürdige Umstand, daß jede zwei derselben mit einander verbunden, eine verschiedene Abplattung geben, oder die Gestalt der Erde anders bestimmen; woraus denn folgt, daß entweder die Erde kein regelmäßiges elliptisches Sphäroid bildet, oder daß bei den Messungen Fehler vorgefallen sind, die diesen Mangel an Uebereinstimmung zur Folge haben. *)

*) Das letztere ist unstreitig ein Hauptgrund. Die nordische Gradmessung wurde neuerlich (1802—1803) durch Svanberg und Ofverbom wiederholt, wobei sich der Grad nur 57198,8 Toisen fand, also um 239 Toisen kleiner, als Maupertuis gefunden haben wollte. Die Unzuverlässigkeit der Liesganig'schen Messung hat Herr von Zach aufs klärste dargethan (S. monatl.

168. Die Franzosen haben aus ihrer großen Gradmessung, verglichen mit der peruanischen, die Größe der Abplattung anfangs auf $\frac{1}{334}$ bestimmt, oder das Verhältniß des Aequatorial-Durchmessers zur Erdachse = 334 : 333 gesetzt. Hiernach beträgt

der Halbmesser des Aequators .	3271210	Toisen
die halbe Erdachse	3261415	—
Unterschied des Aequatorial-Durchmessers und der Erdachse . .	19590	—
ein Grad des Aequators . . .	57093,3	—
und hiervon der 15te Theil oder die geographische Meile . . .	3806,2	—

Späterhin ist die Abplattung von de Lambre (s. dessen Base du syst. metr. T. III. p. 135.) auf $\frac{1}{309}$ gesetzt worden, und von Zach setzt sie = $\frac{1}{310}$, aus Gründen, die er in einer Abhandlung über die Gradmessung am Aequator (monatl. Corresp. XXIV. Bd. S. 39 ff.) aus einander setzt. Hieraus berechnet er — indem er die Größe eines Meridiangrades am Aequator auf 56731,7 Toisen bestimmt —

Corresp. VIII. und IX. Bd.). Derselbe hat in den Schriften der Turiner Akademie der Wiss. eine Kritik der Vermessung von Beccaria geliefert. (Vergl. monatl. Corresp. XXVII. Bd. S. 272 ff.)

den Halbmesser des Aequators zu .	3271558	Toisen
die halbe Erdachse	3261005	—
den Grad des Aequators . . .	57099,5	—
Folglich ist die geogr. Meile . .	3806,6	—

Hr. v. Lindenau hält die Abplattung $= \frac{1}{302}$ für die wahrscheinlichste, weil sie sich nicht bloß aus astronomischen Gründen, sondern auch aus der Verbindung aller Gradmessungen zusammen ergiebt. (S. die Abhandlung desselben über den Gebrauch der Gradmessungen zur Bestimmung der Gestalt der Erde in der monatl. Corresp. XIV. Bd. S. 113. ff.). Dasselbe findet auch Biot aus seinen Pendelbeobachtungen auf Unst und auf Formentera. Daraus folgt, wenn man den Meridiangrad am Aequator nach obiger Bestimmung von Zach's annimmt,

Halbmesser des Aequators . .	3271980	Toisen
halbe Erdachse	3261215	—
Grad des Aequators	57106,8	—
geographische Meile	3807,1	—

Laplace bestimmt die Abplattung, nach genauer Erörterung aller darauf Bezug habenden Argumente, auf $\frac{1}{308,75}$, welches von den eben genannten Bestimmungen nur unbedeutend abweicht.

Setzt man die Größe der Abplattung $= \frac{1}{n}$ d. i. das Verhältniß des Aequatorial-Durchmessers zur Erdachse $= n : n - 1$; den Halbmesser des Aequators $= a$; die Größe eines Meridiangrades am Aequator $= g$, und die bekannte Ludolphische Zahl $= \pi$, so ist

$$a = \frac{180.}{\pi} \cdot g \left(\frac{n}{n-1}\right)^2$$

$$= 57{,}29578 .\ g. \left(\frac{n}{n-1}\right)^2$$

Wollte man ferner die Größe eines Parallelkreises auf dem Sphäroid, dessen Abplattung $= \frac{1}{n}$ ist, berechnen, so setze man die Breite des Parallelkreises $= \omega$, und den Halbmesser desselben $= u$, es ist

$$u = a \cos \omega \cdot \frac{\frac{n}{n-1}}{\sqrt{\left[\left(\frac{n}{n-1}\right)^2 \cos \omega^2 + \sin \omega^2\right]}}$$

$$= a. \cos \omega \cdot \frac{n}{\sqrt{\left[n^2 \cos \omega^2 + (n-1)^2 \sin \omega^2\right]}}$$

$$= a. \cos \omega . \frac{n}{\sqrt{\left[(2n-1) \cos \omega^2 + (n-1)^2\right]}}$$

Hieraus ergiebt sich, daß u im Sphäroid größer als in einer Kugel ist, deren Halbmesser $= a$ ist. Denn in der Kugel wäre $u = a \cos \omega$. Der Bruch aber, mit welchem $a \cos \omega$ hier noch multiplizirt wird, ist ein uneigentlicher — wie man daraus sieht, daß man in dem zweiten Ausdruck $\sin \omega^2$ mit n^2 statt mit $(n-1)^2$ multiplizíren müßte, um den Nenner dem Zähler gleich zu machen — folglich wird das Produkt dadurch vergrößert.

Wenn a und u bekannt sind, so läßt sich daraus leicht ein Grad des Aequators und des Parallelkreises finden.

169. Wie aus zwei unter verschiedenen Breiten gemessenen Meridiangraden die elliptische Gestalt des Meridians oder das Verhältniß der großen und kleinen Achse desselben gefunden werden könne, läßt sich auf folgende Art zeigen — wobei vorausgesetzt wird, daß die verschiedenen Grade demselben Meridian zugehören, oder, daß alle Meridiane einander gleich und ähnlich sind.

Es sei APa (53. Fig.) eine halbe Ellipse, CA die halbe große, CP die halbe kleine Achse, und $CA = 1$; $CP = m$. Ferner sei EF senkrecht auf die Tangente ES an dem beliebigen Punkte E, und eF senkrecht auf die Tangente in e. Beide Perpendikel stoßen in F zusammen und Ee sei ein sehr kleiner Bogen, der von dem Kreisbogen mit EF nicht merklich verschieden ist. Der Winkel ADE, der die Breite des Punktes E bestimmt, sei $= Z$. Man ziehe EB senkrecht auf AC, und setze $CB = u$; $EB = y$, so ist nach der Gleichung der Ellipse aus dem Mittelpunkt *)

$$EB^2 = CP^2 - \frac{CP^2 . CB^2}{CA^2}$$

*) S. mein Lehrbuch der reinen Mathematik. S. 575.

oder

$$1)\ y^2 = m^2 - \frac{m^2 .\ u^2}{1} = m^2\ (1 - u^2)$$

und daher

$$2)\ y = m \sqrt{(1 - u^2)}$$

Ferner ziehe man die Ordinate f b so nahe an E B, daß man den unendlich kleinen Bogen E f als eine gerade Linie ansehen kann, und mache E g parallel B b. Nun ist

$$3)\ ED^2 = EB^2 + BD^2$$

und da

$$BD : EB = EB : BS$$

$$\text{und } fg : Eg = EB : BS$$

$$\text{so ist } BD : EB = fg : Eg$$

$$\text{folglich } BD = EB.\ \frac{fg}{Eg}$$

$$\text{und } BD^2 = EB^2 .\ \frac{fg^2}{Eg^2}$$

Dieß in die Gleichung No. 3. gesetzt, giebt

$$4)\ ED^2 = EB^2 + EB^2 .\ \frac{fg^2}{Eg^2}$$

$$= y^2 \left(1 + \frac{fg^2}{Eg^2}\right)$$

Um den Werth von $\frac{fg}{Eg}$ zu finden, nehme man die Gleichung der Ellipse aus dem Mittelpunkt

$fb^2 = CP^2 - \frac{CP^2 . Cb^2}{CA^2}$ und ziehe hiervon ab

$EB^2 = CP^2 - \frac{CP^2 . CB^2}{CA^2}$, so ist

$$fb^2 - EB^2 = \frac{CP^2 (CB^2 - Cb^2)}{CA^2}$$

folglich

$$(fb + EB).(fb - EB) = \frac{CP^2}{CA^2}(CB + Cb).(CB - Cb)$$

und $\frac{fb - EB}{CB - Cb} = \frac{CP^2}{CA^2} . \frac{CB + Cb}{fb + EB}$

d. i. $\frac{fg}{Bb} = \frac{CP^2}{CA^2} . \frac{2CB - Bb}{2EB + fg}$

oder $\frac{fg}{Eg} = m^2 . \frac{CB}{EB}$, weil die unendlich kleinen Größen Bb und fg gegen CB und EB als verschwindend zu betrachten sind. Man hat also

$$\frac{fg}{Eg} = m^2 \frac{u}{y} \text{; folglich } \frac{fg^2}{Eg^2} = m^4 \frac{u^2}{y^2}$$

Wird dieser Werth in die Gleichung No. 4. gesetzt, so erhält man

$$ED^2 = y^2 \left(1 + \frac{m^4 u^2}{y^2}\right) = y^2 + m^4 u^2$$

und nimmt man aus No. 1. den Werth von y^2, so ist

$$ED^2 = m^2 . (1 - u^2) + m^4 u^2$$
$$= m^2 (1 - u^2 + m^2 u^2)$$

folglich

$$5)\quad ED = m \sqrt{(1 - u^2 + m^2 u^2)}$$

Nun ist ED : EB = 1 : sin z also (No. 5. und No. 2.) $m \sqrt{(1 - u^2 + m^2 u^2)} : m \sqrt{(1 - u^2)} = 1 : \sin z$. Entwickelt man hieraus einen Werth für u^2, so erhält man

$$6)\quad u^2 = \frac{\cos z^2.}{\cos z^2 + m^2 \sin z^2}$$

und dieser Werth in die Gleichung No. 5. gesetzt, giebt, nach gehöriger Entwickelung,

$$7)\quad ED = \frac{m^2}{(\cos z^2 + m^2 \sin z^2)^{\frac{1}{2}}}$$

Dieser Werth von ED, welches die Normallinie heißt, hängt von dem beständigen Verhältniß der beiden halben Achsen der Ellipse, 1 : m, und von der Breite des Ortes E ab. Nimmt man also eine andere Normallinie, HG, für einen andern Ort, H, dessen Breite = x sei, so ist

$$8)\quad HG = \frac{m^2}{(\cos x^2 + m^2 \sin x^2)^{\frac{1}{2}}}$$

Nun ist es ein in der höhern Geometrie bekannter Satz, den ich hier als einen Lehnsatz aufstellen muß, daß sich die Halbmesser so kleiner Bogen einer Ellipse, wie Ee, die man ohne merklichen Fehler für Kreisbogen ansehen kann, wie die Würfel ihrer Normallinien verhalten. Anstatt der Halbmesser aber kann man auch die mit denselben beschriebenen ähnlichen Bogen selbst setzen. Bezeichnen wir also einen in der Breite z gemessenen Grad mit G, und den in der Breite x gemessenen mit g, so ist

$$9)\quad G : g = E D^3 : H G^3$$

$$= \frac{m^6}{(\cos z^2 + m^2 \sin z^2)^{\frac{3}{2}}} : \frac{m^6}{(\cos x^2 + m^2 \sin x^2)^{\frac{3}{2}}}$$

und hieraus ergiebt sich

$$10)\quad m^2 = \frac{G^{\frac{2}{3}} \cos z^2 - g^{\frac{2}{3}} \cos x^2}{g^{\frac{2}{3}} \sin x^2 - G^{\frac{2}{3}} \sin z^2}$$

oder dividirt man im Zähler und Nenner durch $g^{\frac{2}{3}}$ und setzt $\left(\frac{G}{g}\right)^{\frac{2}{3}} = q$, so ist

$$11)\quad m^2 = \frac{q \cos z^2 - \cos x^2}{\sin x^2 - q \sin z^2}$$

Aus m^2 kann leicht m selbst gefunden werden; und da m : 1 das Verhältniß der Erdachse zum Durchmesser des Aequators ist, so dient die Formel No. 11. dieses Verhältniß zu finden.

170. Man kann aber noch eine bequemere Formel für das Verhältniß des Unterschiedes des Aequatorial-Durchmessers und der Achse zu dem erstern auf folgende Art finden:

Aus No. 10. (§. 169.) erhält man

$$g^{\frac{2}{3}} (m^2 \sin x^2 + \cos x^2) = G^{\frac{2}{3}} (\cos z^2 + m^2 \sin z^2)$$

folglich

$$g\,(m^2 \sin x^2 + 1 - \sin x^2)^{\frac{3}{2}} = G\,(1 - \sin z^2 + m^2 \sin z^2)^{\frac{3}{2}}$$

oder

$$g\left(1 - (1 - m^2) \sin x^2\right)^{\frac{3}{2}} = G\left(1 - (1 - m^2) \sin z^2\right)^{\frac{3}{2}}$$

Entwickelt man hier die Potenzen nach dem binomischen Lehrsatz, mit Weglassung aller höhern Potenzen des zweiten Gliedes (weil $1 - m^2$ nur ein sehr kleiner Bruch ist), so bekommt man

$$g\left(1 - \tfrac{3}{2}(1 - m^2) \sin x^2\right) = G\left(1 - \tfrac{3}{2}(1 - m^2) \sin z^2\right)$$

woraus sich dann leicht findet

$$\frac{1 - m^2}{2} = \frac{G - g}{3\,(G \sin z^2 - g \sin x^2)}$$

Da nun m nur wenig von 1 unterschieden ist, so setze man diesen Unterschied $= d$; also $m = 1 - d$, und daher $m^2 = 1 - 2d + d^2$ oder mit Weglassung des letzten Gliedes $m^2 = 1 - 2d$ und daher

$$d = \frac{1 - m^2}{2} = \frac{G - g}{3\,(G \sin z^2 - g \sin x^2)}$$

Diese Formel, die unter dem Namen der Maupertuis'schen bekannt ist, drückt also den Unterschied zwischen dem Halbmesser des Aequators und der halben Erdachse, in Theilen des erstern aus, oder, den Unterschied des Durchmessers des Aequators und der Erdachse in Theilen des erstern, und dieß ist eben das, was man unter Abplattung der Erde versteht.

Nimmt man an, daß g einen Grad am Aequator selbst bedeute, so wird $x = 0$ und daher

$$d = \frac{G - g}{3 G \sin z^2}$$

171. Bei der Kostbarkeit der Gradmessungen, und den Schwierigkeiten, mit welchen die Ausführung derselben verbunden ist, hat man sich noch nach andern, weniger schwierigen, Mitteln zur Bestimmung der Gestalt der Erde umgesehen. Ein solches bietet sich uns in dem Pendel dar. Denn die Schwingungszeiten der Pendel hängen bekanntlich von der Länge der Pendel und von der Größe der Schwerkraft ab, und bei gleichen Längen und ungleichen Schwerkräften verhalten sie sich umgekehrt wie die Quadratwurzeln aus den Schwerkräften, so wie, bey gleichen Schwingungszeiten, sich die Längen wie die Schwerkräfte verhalten. Da nun die Schwerkraft, wie schon vorhin bemerkt worden, unter verschiedenen Breiten verschieden, und um den Aequator herum geringer als unter den Polen ist, so läßt sich das Verhältniß derselben unter verschiedenen Breiten aus dem Verhältniß der Schwingungs-

zeiten solcher Pendel, welche gleiche Länge haben, oder aus dem Verhältniß der Längen der Pendel bei gleichen Schwingungszeiten finden. Man hat sich daher viele Mühe gegeben, die Länge des Secundenpendels (d. h. desjenigen Pendels, dessen Schwingungen jede in Zeit einer Secunde eines mittlern Sonnentags geschehen), unter verschiedenen Breiten ausfündig zu machen. Ferner lehrt die höhere Mechanik, daß auf einem elliptischen Sphäroid die Kraft der Schwere in verschiedenen Punkten eines elliptischen Meridians sich wie die Normallinien, die von diesen Punkten bis an die große Achse gehen, verhalte. Bezeichnet man also die Kraft der Schwere in zwei verschiedenen Punkten des Meridians durch S und s, die Längen der Secundenpendel daselbst durch P und p, und die Normallinien durch N und n, so erhält man

1) $S : s = P : p$

2) $S : s = N : n$

folglich 3) $N : n = P : p$

und $N^3 : n^3 = P^3 : p^3$

Es ist aber nach dem obigen (§. 169. No. 9.)

$$N^3 : n^3 = G : g$$

wenn unter G und g kleine und ähnliche Bogen in

den gedachten Punkten verstanden werden, folglich ist auch

4) $P^3 : p^3 = G : g$

und daher $\left(\frac{G}{g}\right)^{\frac{2}{3}} = \left(\frac{P}{p}\right)^2$

Braucht man dieß in dem obigen Ausdrucke von m^2 (§. 169. No. 11.), so ist

$$m^2 = \frac{\left(\frac{P}{p}\right)^2 \cos z^2 - \cos x^2}{\sin x^2 - \left(\frac{P}{p}\right)^2 \sin z^2}$$

Für $x = 0$ wird

$$m^2 = \frac{\left(\frac{P}{p}\right)^2 \cos z^2 - 1}{-\left(\frac{P}{p}\right)^2 \sin z^2}$$

$$= \frac{1}{\left(\frac{P}{p}\right)^2 \sin z^2} - \cot z^2$$

172. Man kann die Pendellängen auch in der Maupertuis'schen Formel anstatt der Grade gebrauchen. Denn aus obiger Proportion (§. 171. No. 4.) ergiebt sich $G - g$ sowohl

$$= \frac{P^3 - p^3}{P^3} . \, G, \text{ als auch } = \frac{P^3 - p^3}{p^3} g.$$

Kehrt man nun den Bruch, durch welchen d ausgedrückt wird, um, und setzt

$$\frac{1}{d} = \frac{3\,(G \sin z^2 - g \sin x^2)}{G - g}$$

$$= \frac{3\,G \sin z^2}{G - g} - \frac{3\,g \sin x^2}{G - g}$$

und substituirt in dem erstern Theil dieses Ausdrucks für G — g den erstern der eben angegebenen Werthe, und in dem letztern den letztern derselben, so erhält man

$$\frac{1}{d} = \frac{3\,G \sin z^2}{\frac{(P^3 - p^3)\,G}{P^3}} - \frac{3\,g \sin x^2}{\frac{(P^3 - p^3)\,g}{p^3}}$$

$$= \frac{3\,P^3 \sin z^2}{P^3 - p^3} - \frac{3\,p^3 \sin x^2}{P^3 - p^3}$$

$$= \frac{3\,(P^3 \sin z^2 - p^3 \sin x^2)}{P^3 - p^3}$$

folglich

$$d = \frac{P^3 - p^3}{3\,(P^3 \sin z^2 - p^3 \sin x^2)}$$

und für $x = 0$

$$d = \frac{P^3 - p^3}{3\,P^3 \sin z^2}$$

173. Indessen ist nicht zu läugnen, daß auch die Bestimmung der Länge des Secundenpendels ihre nicht geringen Schwierigkeiten hat. Die vormals deßhalb angestellten Versuche sind größtentheils, so wie die meisten der ältern Gradmessungen, nicht mit hinlänglicher Genauigkeit ausgeführt worden, und haben daher keine übereinstimmenden Resultate ge-

liefert. Neuerlich aber hat man auch diesem Gegenstande eine größere Sorgfalt gewidmet, und sowohl die zu den Versuchen erforderlichen Werkzeuge, als die dabei zu befolgenden Methoden so vervollkommnet, daß die dadurch erhaltenen Beobachtungen ein volles Vertrauen verdienen.

Herr v. Zach beschreibt eine Vorrichtung, die wahre Länge des Secundenpendels auf eine genaue und behende Art zu bestimmen, im 1sten Supplementband zu Bode's astronom. Jahrbuch. S. 175 ff. und giebt daselbst die Länge des gothaischen Secundenpendels zu 440,693 Pariser Linien an. Die Länge des Secundenpendels zu Paris ist, nach den Beobachtungen von Borda, 440,559 Par. Linien; unter dem Aequator, nach Bouguer, auf die Meeresfläche und den leeren Raum reduzirt, 439,21 Par. Linien. — Sehr schätzbare Pendelbeobachtungen sind neuerlich von Kapit. Kater in England, von Kapit. Sabine, ingleichen von Kapit. Freycinet an sehr verschiedenen Punkten der Erde, von Arago und Biot auf der Pariser und Greenwicher Sternwarte und auf den shetländischen Inseln gemacht worden.

174. Die Größen, um welche die Secundenpendel in verschiedenen Breiten, vom Aequator nach den Polen hin gerechnet, wachsen, verhalten sich sehr nahe so gegen einander, wie die Größen, um welche die Meridiangrade in diesen Breiten wachsen. Denn nach dem obigen (§. 172.) ist

$$G - g = \frac{P^3 - p^3}{p^3} g;$$

folglich ist für einen andern Grad G' und ein anderes Pendel P' (in derselben Breite)

$$G' - g = \frac{P'^3 - p^3}{p^3} g$$

und daher

$$G - g : G' - g = P^3 - p^3 : P'^3 - p^3$$

Es ist aber $P^3 - p^3 : P'^3 - p^3$ nicht sehr verschieden von $P - p : P' - p$. Denn man setze $P = p + q$; und $P' = p + r$, so ist $P - p : P' - p = q : r$; ferner ist

$$P^3 - p^3 = 3p^2q + 3pq^2 + q^3$$

$$\text{und } P'^3 - p^3 = 3p^2r + 3pr^2 + r^3$$

Da nun P und P' nur wenig von p selbst verschieden sind, also q und r nur kleine Größen ausdrücken, so kann man hier die höhern Potenzen der letztern vernachlässigen, und dann wird

$$P^3 - p^3 : P'^3 - p^3 = 3p^2q : 3p^2r = q : r$$

Es verhalten sich aber, wie schon Newton gelehrt hat, die Unterschiede der Grade sowohl, als der Längen des Secundenpendels in verschiedenen Breiten, sehr nahe wie die Quadrate der Sinus der Breiten, d. h. wenn man die Breite, für welche G' und P' gelten, = y setzt, so ist

$$\left.\begin{array}{r} G - g : G' - g \\ \text{desgl. } P - p : P' - p \end{array}\right\} \text{sehr nahe} = \sin z^2 : \sin y^2$$

Dieses Gesetz läßt sich aus der obigen Maupertuis'schen Formel, für den Fall da $x = 0$ ist, herleiten. Denn es war

$$d = \frac{G - g}{3 G \sin z^2}$$

folglich ist auch

$$d = \frac{G' - g}{3 G' \sin y^2}$$

und daher

$$\frac{G - g}{3 G \sin z^2} = \frac{G' - g}{3 G' \sin y^2}$$

folglich

$$G - g : G' - g = G \sin z^2 : G' \sin y^2$$

oder, da G und G' nicht sehr verschieden sind,

$$G - g : G' - g \text{ beinahe } = \sin z^2 : \sin y^2$$

Vermittelst dieses Gesetzes läßt sich sowohl die Größe eines Meridiangrades, als die Länge des Secundenpendels für jeden Parallelkreis finden, wenn man sie nur für einen Parallelkreis und für den Aequator kennt.

175. Aus dem bisher gesagten erhellet, daß wir, aller Bemühungen ungeachtet, von der eigentlichen Gestalt der Erde noch keine ganz genaue Kenntniß haben. Vielmehr giebt jeder neue Versuch darüber ein etwas anderes Resultat. Und selbst noch einige andere astronomische Hülfsmittel, die man außer den angeführten zur Bestimmung der Gestalt der Erde

anwenden kann, lassen eine gleiche Ungewißheit übrig. Es ist daher die Frage entstanden, ob man überhaupt die Erde für einen Körper ansehen könne, dessen Gestalt sich durch Umdrehung einer regelmäßigen ebenen Figur um eine Achse erklären lasse, ob sie ein Solide de revolution sei, wie die Franzosen sich ausdrücken. Denn wenn ihre Gestalt auf die Umdrehung irgend einer ebenen Figur um ihre Achse zurückgeführt werden kann, so müssen alle auf die Achse senkrecht gehenden Durchschnitte Kreise seyn. Ist also die Figur des Aequators und der Parallelen kein vollkommener Kreis, so ist auch die Gestalt der Erde nicht durch Umdrehung einer Ebene um ihre Achse zu erklären.

Dieß hindert nicht, daß die Umdrehung der Erde um ihre Achse auf ihre Gestalt einen Einfluß gehabt, und, wie oben bemerkt worden ist, ihre Abplattung hervorgebracht habe. Das letztere ist eine physische Wirkung der Centralkräfte. Bei der Frage, ob die Erde ein Solide de revolution sei, ist nur die Rede von einer geometrischen Erzeugungsart ihrer Gestalt.

176. Es ist aber wohl denkbar, daß der Aequator und die ihm parallelen Durchschnitte des Erdkörpers elliptisch wären, und dann ist die Erde nicht mehr ein Solide de revolution zu nennen. Es würde daraus folgen, daß die Meridiane nicht alle einander gleich wären; und solche Ungleichheiten, als

sich aus den bisherigen Gradmessungen unter verschiedenen Meridianen ergeben, würden, auch ohne Voraussetzung von Messungsfehlern, begreiflich, ja nothwendig seyn. Alsdann würden auch die Erdmeridiane nicht mehr in derselben Ebene mit den ihnen zugehörigen Meridianen am Himmel liegen, und überhaupt keine ebenen Figuren, sondern sogenannte Linien von doppelter Krümmung bilden. Um dieses deutlicher einzusehen, nehme man zuerst an, es sei der Kreis ABQE (54. Fig.) der Erdäquator, und durch irgend einen Punkt B desselben gehe der verlängerte Halbmesser CZ, so wäre Z der Scheitelpunkt von B, und der Meridian am Himmel ginge durch Z und die Weltpole, welche in der durch C auf die Ebene des Aequators senkrechten Linie liegen, und CB fiele ganz in die Ebene dieses Meridians. Alsdann aber setze man, der Aequator sei nicht kreisförmig, sondern elliptisch, wie AbQ, so liegt der Scheitelpunkt von b nicht in Z, sondern in p in der verlängerten Normallinie Db. Der Meridian am Himmel, der durch den Scheitelpunkt und die Weltpole gehen soll, könnte also nicht so liegen, daß Dp in seine Ebene fiele; sondern man ziehe Cp′ parallel Dp, so wird die Lage der Ebene des Meridians durch die Weltachse und den Punkt p′ bestimmt, der wegen der unendlichen Entfernung des Himmels mit p zusammenfällt, und Cb' als die Durchschnittslinie der Ebenen des Meridians und des Erdäquators, fällt in die Linie Cp'; folglich liegt der Punkt b des Erdmeridians außerhalb der Ebene des correspondirenden Meridians am Himmel.

Eben dieser Meridian am Himmel würde nun auch allen denjenigen Orten auf der Erde zugehören, in welchen die Richtung der Schwere der Ebene dieses Meridians parallel geht. Denkt man sich diese Parallelen einander unendlich nahe, so bilden sie zusammen eine krumme Fläche, deren Durchschnitt mit der Oberfläche des Erd-Sphäroids den correspondirenden Erdmeridian ausmacht.

Einer der größten Geometer unsrer Zeit, la Place, hält es, wo nicht für ausgemacht, doch für sehr wahrscheinlich, daß die Erde kein Solide de revolution sei; ja er zweifelt sogar, ob die nördliche und südliche Halbkugel einander gleich und ähnlich wären. Um über den erstern Punkt zu entscheiden, würden sehr sorgfältige Messungen von Graden der Länge erforderlich seyn. Auf alle Fälle hat man sich die Excentrizität der Ellipsen oder ihre Abweichung von der Kreisgestalt nur sehr klein vorzustellen.

Ist der Aequator und die ihm parallelen Durchschnitte elliptisch, so sind auch die sogenannten Parallelkreise Linien von doppelter Krümmung, und daher, genau genommen, weder Kreise noch parallel.

177. Die abgeplattete Gestalt des Erdkörpers

ist Ursache, daß die Richtung der Schwere, die senkrecht auf die Oberfläche geht, nicht in den Mittelpunkt desselben trifft, ausgenommen unter dem Aequator und in den Polen; und dieses hat auf die Bestimmung der geographischen Breite der Oerter einen Einfluß. Denn es stelle A M B (Tab. IV. Fig. 46 b.) den elliptischen Quadranten eines Meridians vor, K L sei eine Tangente an denselben in dem Punkt M, und Z M senkrecht darauf, so trifft dieses Perpendikel, verlängert, in N, und macht mit der Linie C M aus dem Mittelpunkt den Winkel C M N. Um eben diesen Winkel ist der Winkel A N M größer, als der Winkel A C M. Der letztere aber bezeichnet eigentlich den Abstand des Punktes M vom Aequator oder die geographische Breite desselben; die Beobachtung hingegen giebt den erstern. Denn man denke sich durch den Punkt M eine Linie O P senkrecht auf C A oder parallel mit der Erdachse C B, so trifft sie, verlängert, in den unendlich entfernten Weltpol; folglich drückt der Winkel O M L die Polhöhe in M aus. Es ist aber O M L + P M N = 1 R; und eben so P M N + A N M = 1 R; folglich ist O M L = A N M. Man nennt daher den Winkel A N M oder O M L die beobachtete oder astronomische Breite des Ortes M, hingegen A C M die wahre oder verbesserte Breite desselben.

1. Auf dem sphäroidischen Erdkörper sind also Polhöhe und geographische Breite eigentlich nicht ganz gleich; man nimmt sie aber für gleichbedeutend, weil nur die erstere durch Beobachtung gefunden wird, die letztere hingegen durch Rechnung bestimmt werden muß, und diese von der Größe der Abplattung abhängig ist; mit andern Worten: unter geographischer Breite eines Ortes versteht man die astronomische, nicht die wahre.

2. Nur unter dem Aequator und in den Polen giebt es wahre Antipoden.

178. Um die wahre Breite eines Ortes aus der astronomischen desselben zu finden, setze man (Fig. 46 b.) den Winkel ANM = o; ACM = x; CA = a; CB = b. Alsdann ist

$$CP : PM = 1 : \text{tang}\, x$$
$$PN : PM = 1 : \text{tang}\, o$$

folglich $CP : PN = \text{tang}\, o : \text{tang}\, x$

Das Verhältniß CP : PN wird gefunden, wenn man die Tangente KL bis S verlängert, wodurch man PN : PM = PM : PS; folglich $PN = PM^2 : PS$ erhält. Es ist aber PM als Ordinate, CP als die zugehörige Absciſſe aus dem Mittelpunkt, und PS als die Subtangente für den Punkt M zu betrachten, und daher, nach der Theorie der Ellipse, wenn man CP = u setzt, $PM^2 = b^2 - \left(\frac{bu}{a}\right)^2 = \frac{a^2 - u^2}{a^2} b^2$; $PS = \frac{a^2 - u^2}{u}$; folglich

$PN = \frac{a^2 - u^2}{a^2} b^2 : \frac{a^2 - u^2}{u} = \frac{b^2}{a^2} u$; ferner $CP : PN = u : \frac{b^2}{a^2} u = a^2 : b^2$. Hierdurch ergiebt sich aus der obigen Proportion

$$\tang x = \frac{b^2}{a^2} \tang o.$$

1. Den Unterschied zwischen der astronomischen und der wahren Breite, d. i. $o - x$, giebt der Ausdruck

$$\tang (o - x) = \tang o \frac{a^2 - b^2}{a^2 + b^2 \tang o^2}$$

2. Der Halbmesser CM ist $= \frac{1}{\text{Cos}\, x} . CP$. Man findet aber CP, wenn man aus C mit CA einen Kreisbogen Am beschreibt. Alsdann ist $CP = Cm . \text{Cos}\, ACm = a . \text{Cos}\, ACm$; und um den Winkel ACm zu erhalten, setze man

$$CP : Pm = 1 : \tang ACm$$
$$PM : CP = \tang x : 1$$

folglich $PM : Pm = \tang x : \tang ACm$

Es ist aber $PM : Pm = b : a$ (S. mein Lehrb. der Math. S. 582 f.), und daher

$$\tang ACm = \frac{a}{b} \tang x = \frac{a}{b} . \frac{b^2}{a^2} \tang o = \frac{b}{a} \tang o.$$

(Vergl. den obigen Ausdruck für u §. 168.)

3. Für die Polhöhe von Gotha $= 50^\circ\ 56'\ 55''$ und die Abplattung $= \frac{1}{304}$ ist die wahre Breite $= 50^\circ\ 45'\ 49''$.

179. Auf die neueste französische Gradmessung gründet sich auch das neue in Frankreich eingeführte

Maaß- und Gewichts-System (système métrique). Es war die erste Veranlassung zu dieser kostbaren und weitausgedehnten Messung ein neues Längenmaaß zu bestimmen, das unabhängig von Ort und Zeit wäre, und wenn es auch verloren ginge, jederzeit und überall wieder aufgefunden werden könnte. Man wählte hierzu den zehnmillionsten Theil eines Meridian-Quadranten oder desjenigen Bogens eines Meridians, der vom Pol bis zum Aequator geht. Es kam also darauf an, die Größe dieses Bogens so genau als möglich auszumitteln, und dazu sollte die gedachte Messung vornehmlich dienen. Aus den Resultaten der Messung von Dünkirchen bis Barcellona wurde die Größe des gesuchten Bogens zu 5130740 Toisen berechnet, wornach das neue Maaß, welches den Namen Mètre bekam, auf $\frac{5130740}{10000000}$ Toisen, d. i. auf 3 Fuß 0 Zoll $11\frac{296}{1000}$ Linien, oder $443\frac{296}{1000}$ Linien des alten französischen Maaßes gesetzlich bestimmt wurde. Durch die nachher noch weiter fortgesetzte Messung fand sich zwar, daß der Bogen des Meridians auf 5131111 Toisen zu setzen sei, und hiernach der Metre um $\frac{32}{1000}$ Linien mehr, als nach der ersten Bestimmung, betrage, indessen, da dieser kleine Unterschied auf Messungen im gemeinen Leben keinen Einfluß hat, so blieb es bei der einmal festgesetzten Größe desselben.

180. Das neue Maaß-System sollte, zur Erleichterung aller dahin gehörigen Rechnungen, so viel möglich, dem decadischen Zahlensystem angepaßt werden, und daher wurden alle Eintheilungen nach 10 gemacht.

Ein	Maaß	von	10	Metres	heißt	Decamètre
—	—	—	100	—	—	Hectomètre
—	—	—	1000	—	—	Kilomètre
—	—	—	10000	—	—	Myriamètre

Auf ähnliche Art sind die Unterabtheilungen eingerichtet

$\frac{1}{10}$	Metre	heißt	Decimètre
$\frac{1}{100}$	—	—	Centimètre
$\frac{1}{1000}$	—	—	Millimètre

Mit dem alten französischen Maaß verglichen, ist

1 Decamètre	=	30	Fuß	9	Zoll	4,96	Lin.
1 Hectomètre	=	307	—	10	—	1,6	—
1 Kilomètre	=	3078	—	5	—	4	—
1 Myriamètre	=	30784	—	6	—	4	—
1 Decimètre	=	0	—	3	—	8,3296	—
1 Centimètre	=	0	—	0	—	4,43296	—
1 Millimètre	=	0	—	0	—	0,443296	—

Nach diesem neuen System der Längenmaaße wurden auch die übrigen Maaße und Gewichte eingerichtet.

Das Gewicht eines Cubik-Centimetres destillirten Wassers wurde zur Einheit der Gewichte gemacht und

Gramme genannt; und daraus ferner abgeleitet Decagramme, Hectogramme ꝛc. desgl. Decigramme, Centigramme ꝛc.

Für Hohlmaaße ist die Einheit Litre, welche ein Cubik-Decimetre ausmacht.

Die Einheit für Feldmessung heißt Are, und beträgt hundert Quadrat-Metres.

Ein Cubik-Metre Brennholz wird Stère genannt.

Neunter Abschnitt.

Von der Verfertigung künstlicher Erdkugeln und der Landkarten.

181. Ein wichtiges Hülfsmittel zum Studium der Geographie sind die künstlichen Erdkugeln und Landkarten. Durch sie können wir uns gleichsam eine Uebersicht der ganzen Erdoberfläche verschaffen, und eine anschauliche Vorstellung von der Gestalt der Länder, von ihrer Lage und Größe gegen einander, so wie von der Lage der verschiedenen Oerter in denselben erlangen. Es ist aber die Frage, wie sie beschaffen seyn müssen, um uns diesen Vortheil zu gewähren.

182. Insofern der Erdkörper kugelförmig ist, stellt eine jede künstliche Kugel uns seine Gestalt im Kleinen dar. Auf die Abplattung wird dabei nicht Rücksicht genommen, theils weil diese so gering ist, daß sie bei einer so kleinen Kugel, wie unsere künstlichen Erdkugeln zu seyn pflegen, nicht in Betrachtung kommt; theils weil es in Absicht einer Menge von Erscheinungen gestattet ist, die Erde als eine vollkommene Kugel zu betrachten. Eben so wenig nimmt man bei dieser Nachbildung der Erd-

kugel auf die kleinen Ungleichheiten ihrer Oberfläche Rücksicht, die durch Gebirge und Thäler auf ihr hervorgebracht werden, weil diese gegen das Ganze verschwinden.

Bei einem Globus von anderthalb Fuß im Durchmesser, welches schon einer der größten ist, würde die Abplattung $= \frac{1}{310}$ nur einen Unterschied von $\frac{7}{10}$ Linien in dem Durchmesser des Aequators und der Achse ausmachen. Und wenn die Höhe des größten Berges auf eine geographische Meile gesetzt werden kann, so würde sie auf einem solchen Globus ungefähr $\frac{1}{8}$ Linie betragen.

183. Richtet man ferner die Kugel so ein, daß sie um einen ihrer Durchmesser herumgedreht werden könne, so stellt dieser die Erdachse, und seine Endpunkte die Pole vor. Alsdann wird ein größter Kreis, der in gleichem Abstand von beiden Polen um die Kugel geht, den Aequator, und Kreise, die mit diesem parallel laufen, und die man zu beiden Seiten desselben in Abständen von 10 zu 10 Graden von einander zu ziehen pflegt, die Parallelkreise vorstellen. Auch werden parallel mit dem Aequator die Wendekreise und die Polarkreise verzeichnet, jene in einem Abstand von $23\frac{1}{2}^{\circ}$ vom Aequator, diese in einem gleichen Abstand von den Polen. Endlich werden durch die Pole größte Kreise gezogen — Meridiane — die

den Aequator in Punkten von 10 zu 10 Graden schneiden.

184. In eine auf diese Art eingetheilte Kugel lassen sich nun die verschiedenen Theile der Erdoberfläche hineinzeichnen. Geschicht dieses so, daß die Grenzen derselben genau die Lage gegen den angenommenen Aequator und die Meridiane bekommen, welche sie auf der Erdkugel wirklich haben, so erhält man einen Abriß der Länder und Meere, der die Lage derselben, ihre Gestalt und verhältnißmäßige Größe darstellt, und dadurch geschickt ist, uns eine Uebersicht der ganzen Erdoberfläche zu geben. In die verzeichneten Haupttheile lassen sich wiederum kleinere Theile und einzelne Punkte, die man bemerklich machen will, einzeichnen.

185. Eine solche Kugel kann als ein Bild der Erdkugel angesehen werden. Allein auf die beschriebene Weise würde die Verfertigung derselben mit vieler Mühe verbunden seyn, und ein jedes Exemplar würde dieselben Schwierigkeiten und Umstände verursachen. Man bedient sich daher der Kugelnetze, auf welche die verschiedenen Theile der abgebildeten Erdfläche, nebst den zur mathematischen Eintheilung derselben erforderlichen Linien, in Kupfer gestochen, abgedruckt, und welche dann auf eine Kugel geklebt werden. Dadurch wird die Vervielfältigung der Exemplare außerordentlich erleichtert.

Vorzüglich schöne Globen dieser Art von anderthalb Schuh im Durchmesser sind im Jahr 1808 bei dem Kunsthändler Franz jun. in Nürnberg erschienen. S. monatl. Corresp. XVIII. Bd. S. 555. ff.

Einige Jahre früher (1804) hat derselbe Kunsthändler eine kleinere Art, von einem Schuh im Durchmesser, zu Stande gebracht, die ebenfalls sehr empfehlenswerth ist. S. monatl. Corresp. XIII. Bd. S. 152 ff. wo man zugleich schätzbare Nachrichten, die Geschichte der künstlichen Erdkugeln betreffend, findet.

In Nürnberg, das überhaupt in der Geschichte der Erdgloben und Landkarten ausgezeichnet ist, sind noch mehrere Globen von verschiedener Größe und Güte erschienen.

Auch verdienen die in dem geographischen Institute in Weimar erschienenen Globen von 12 englischen Zoll im Durchmesser gerühmt zu werden. Vergl. Voigts kosmograph. Entwickelung der vornehmsten Begriffe und Kenntnisse, welche zur Benutzung der künstl. Himmels- und Erdkugel erforderlich sind 2c. Weimar 1810. — Sehr brauchbare zwölfzollige Globen, die sich zugleich durch Wohlfeilheit empfehlen, hat der Prof. Haan in Dresden geliefert.

186. Indessen hat die Verfertigung der Kugelnetze keine geringen Schwierigkeiten. Denn bekanntlich ist es eigentlich unmöglich Figuren in einer Ebene zu verzeichnen, die sich so auf die Oberfläche einer Kugel legen lassen, daß sie dieselbe genau decken. Man muß sich dadurch helfen, daß man die Papierstreifen, auf welchen das Netz verzeichnet ist, beim

Aufkleben auf die Kugel anfeuchtet, und dann an gewissen Stellen etwas ausdehnt. Eine andere Schwierigkeit entsteht daraus, daß das Papier beim Abdruck der Kupferplatte angefeuchtet werden muß, und sich nachher wieder zusammenzieht, so daß der Abdruck nicht mehr mit der Originalzeichnung oder mit der Figur auf der Kupferplatte übereinstimmt; und da in dieser Rücksicht nicht eine Papiersorte der andern gleich ist, so muß das Verhältniß in Ansehung des Zusammentrocknens erst durch genaue Versuche ausgemittelt, und hiernach die Zeichnung der Figur eingerichtet werden.

Die Theorie der Kugelnetze, und was man bei Verzeichnung derselben zu beobachten habe, lehrt Mayer im 4ten Theile seiner praktischen Geometrie, welche überhaupt als eine der vorzüglichsten Schriften über die Gegenstände, welche dieser Abschnitt behandelt, zu empfehlen ist. Vergl. ferner Kästners Abhandlung: Fasciarum, quibus globi obducuntur, ex conis sphaerae circumscriptis, constructio in den Götting. Commentatt. auf das Jahr 1778. — welcher Mayer gefolgt ist. — In demselben Bande der Götting. Commentatt. findet sich noch eine andere Abhandlung über denselben Gegenstand von Lowitz: De figura et divisione segmentorum, quibus magni globi coelestes et terrestres obducuntur.

187. Bei dergleichen künstlichen Erdkugeln muß auch das Gestell, in welchem sie aufgestellt wer-

den, eine zu gehörigem Gebrauch derselben schickliche Einrichtung erhalten. Die Kugel muß darin frei herumgedreht werden und in jeder Lage ruhen können. Durch den breiten Rand desselben soll die Lage der Ebene des wahren Horizonts gegen die Erdkugel angegeben werden; daher der Mittelpunkt desselben mit dem Mittelpunkt der Kugel selbst zusammenfallen oder die Kugel so aufgestellt seyn muß, daß die eine Hälfte derselben über, und die andere unter den künstlichen Horizont fällt. Ueberdieß ist die Kugel mit einem messingenen, in Grade abgetheilten, Kreise, der durch beide Pole geht, und daher der Meridian oder Mittagsring heißt, ingleichen am Nordpol mit einem in 12 Stunden eingetheilten Kreise, dem Stundenkreise oder Stundenringe, versehen. Endlich wird der breite Rand des künstlichen Horizontes mit einem immerwährenden Kalender, oder einer Darstellung des Standes der Sonne in der Ecliptik für jeden Tag des Jahres bezeichnet; so wie auch die vier Cardinalpunkte des Horizontes nebst den übrigen Weltgegenden auf ihm bemerkt werden.

Zum Behuf mancher Aufgaben ist es gut, 1) wenn bei dem Globus sich noch ein beweglicher Höhenquadrant, d. i. ein messingener, in 90 Grade getheilter, Quadrant, der an einer beliebigen Stelle des Mittagsringes befestigt werden kann, befindet; 2) wenn auf die Kugel selbst die Eclip-tik verzeichnet ist, die freilich eigentlich auf eine Erdkugel gehört.

188. Da die Verzeichnung der Kugelnetze mit vielen Schwierigkeiten verbunden ist, so hat man versucht, jede Halbkugel auf einem gleichseitigen Kegel vorzustellen, indem die Netze dieser Körper sich leicht verfertigen lassen. Man denke sich also unter AEDFB (55. Fig.) eine künstliche Halbkugel der Erde, so daß AB der Durchmesser des Aequators, und D der Pol sei; und in dieser den Kegel ADBC, dessen Grundfläche die Ebene des Aequators ausmache, und dessen Spitze im Pol liege; so soll die Oberfläche der Kugel so auf die Oberfläche des Kegels verzeichnet werden, wie sie einem Auge in C auf derselben zu liegen scheinen würde. Zieht man also von C aus eine gerade Linie nach irgend einem Punkt der Kugelfläche, z. B. nach E oder F, so bezeichnen die Punkte e und f, in welchen diese Linien die Oberfläche des Kegels treffen, die Stellen, in welche diese Orte zu setzen sind. Nach diesem Grundsatz ist es nicht schwer, das Netz des Kegels, und auf diesem die nöthigen Linien und Punkte zu verzeichnen. Setzt man den Halbmesser der Kugel oder der Grundfläche des Kegels AC = r, so ist AD oder der Halbmesser, mit welchem das Netz des Kegels beschrieben wer-

den muß, $= r\sqrt{2}$. Es sei aber $AD = \rho$, und der Bogen des Kreisausschnittes, welcher das Netz des Kegels bildet, halte μ Grade, so ist bekanntlich

$$2r\pi = 2\rho\pi \cdot \frac{\mu}{360}$$

folglich

$$\mu = \frac{r}{\rho} \cdot 360 = \frac{r}{r\sqrt{2}} \cdot 360 = 180 \cdot \sqrt{2}.$$

$$= 254^\circ\ 33'\ 28'',8$$

Die Meridiane werden auf dem Kegel gerade Linien, und sollen sie den Aequator von 10 zu 10 Graden treffen, so muß μ durch 36 dividirt werden; mithin ist ein solcher Winkel in dem ebenen Netze $= 5 \cdot \sqrt{2}$ Graden; auf dem Kegel wird er etwas weniges kleiner, weil der Bogen beim Aufziehen auf den Kegel etwas mehr gekrümmt, und daher die Sehne irgend eines Theils desselben etwas kleiner wird. Hier ist der Sinus des halben Winkels $= \frac{\sin 5}{\sqrt{2}}$.

Die Parallelkreise werden in dem Netze concentrische und ähnliche Bogen mit dem äußersten des Netzes, welcher den Aequator bildet, und ihr Halbmesser ist, wenn man die Breite durch x bezeichnet, $= r \cdot \frac{\cos x}{\sin(45 + x)}$

Solche Kegel werden Conigloben genannt; man hat sie aber bisher mehr zur Darstellung der Himmelskugel, als der Erdkugel gebraucht.

Bekannt und geschätzt sind die von Funk zu Leipzig 1777 herausgegebenen Sternenkegel, die nach der beschriebenen Art eingerichtet sind. Andere Verfertigungsarten derselben lehrt Mayer a. a. O. §. 55. ff. Ebendaselbst findet man auch v. Segners Vorschlag, die Erdkugel durch einen Körper vorzustellen, der aus einem Cylinder und zwei abgestumften Kegeln zusammengesetzt ist, und dessen Durchschnitt durch die Achse ein Achteck bildet, ausführlich erläutert. — Indessen können solche unvollkommene Nachbildungen die Stelle einer wirklichen Kugel auch nur sehr unvollkommen ersetzen.

189. Leichter als die Verfertigung aller solchen Körper ist unstreitig die Verfertigung der Landkarten, auf welchen entweder die ganze Oberfläche der Erde, oder einzelne Theile derselben in einer Ebene dargestellt werden; daher auch der Gebrauch derselben viel allgemeiner, als der jener Körper ist. Hierzu kommt noch der besondere Vortheil, daß man bei ihnen leicht einen größern Maaßstab anwenden, und also mehr Genauigkeit in die Darstellung der einzelnen Gegenstände bringen kann, als es bei Kugeln und andern Arten von Körpern möglich ist. Da aber nur sehr kleine Theile der Erdfläche eigentlich als Ebenen betrachtet werden können, so macht die Darstellung größerer Theile derselben die Anwen-

dung gewisser Regeln nothwendig, nach welchen Theile einer Kugelfläche in einer Ebene abgebildet werden können. Man hat hierzu verschiedene Methoden, die unter dem Namen der geographischen Projectionen oder Entwerfungsarten begriffen werden; und diese lassen sich in perspektivische und nicht perspektivische eintheilen. Unter jenen versteht man Abbildungen, welche die Kugelfläche so darstellen, wie sie einem Auge, das an einer gewissen Stelle gedacht wird, auf einer Ebene, die entweder vor oder hinter der Kugelfläche angenommen wird, erscheinen müßte. Hierbei ist noch zu merken, daß, wenn die Oberfläche der halben Erdkugel, auf eine Ebene projicirt, dargestellt wird, und die Halbkugel so genommen ist, daß der Pol in der Mitte ihrer Oberfläche liegt, folglich der Aequator die Grundfläche begrenzt, man diese Darstellung eine Polarprojection nennt; wird aber die Halbkugel durch einen Meridian begrenzt, und liegen folglich die Pole in der Grundfläche, so heißt es eine Aequatorialprojection; wird endlich ein größter Kreis zur Grundfläche genommen, der weder der Aequator noch ein Meridian ist, so heißt es eine Horizontalprojection.

190. Wenn man eine Kugel aus verschiedenen Entfernungen betrachtet, so ist leicht wahrzunehmen, daß man einen desto größern Theil ihrer Oberfläche

übersieht, je weiter man sich von ihr entfernt — so wie man von einem Berge eine desto weitere Aussicht hat, je höher er ist. In der weitesten Entfernung aber würde man gleichwohl nicht mehr als die Hälfte der Kugelfläche übersehen können, weil die abgekehrte Seite durch die zugekehrte verdeckt wird. In einer solchen Entfernung würde die Kugel wie eine Scheibe von der scheinbaren Größe eines größten Kreises der Kugel, und die Hälfte ihrer Oberfläche als die Ebene dieses Kreises erscheinen — wie wir etwa den Mond und die Sonne sehen. Man kann also die Oberfläche einer Halbkugel so in der Ebene eines Kreises abbilden, wie sie sich einem Auge, das die halbe Kugel übersieht, darstellt; dieß giebt die orthographische Projection.

191. Um die Hälfte einer Kugel zu übersehen, müßte das Auge eigentlich unendlich weit von der Kugel entfernt seyn. Denn man denke sich CO (56. Fig.) senkrecht auf die Ebene eines größten Kreises der Kugel, und ein Auge in O, so übersieht dieses auf allen Seiten des Perpendikels CO, einen Bogen der Kugel = Da, welcher durch die Tangente aus O an die Kugel bestimmt wird. Soll nun Da einen Quadranten fassen oder = DA seyn, so muß die Tangente aus O nach A gehen. Die Tangente in A aber steht senkrecht auf CA, *läuft*

also mit CO parallel, und kann also nur im Unendlichen mit ihr zusammentreffen. Gegen eine unendliche Entfernung aber verschwindet jede endliche, folglich würde jede Kugel aus einer unendlichen Entfernung betrachtet, zu einem Punkt zusammenschwinden, und auf diesen ist keine Projection anwendbar. Man setzt daher bei der orthographischen Projection die scheinbare Größe bei Seite, und bestimmt die Lage der verschiedenen Punkte in der Ebene des Kreises so wie sie einem Auge in unendlicher Ferne erscheinen würde, wenn die Kugel noch eine merkliche Größe behielte. Mit andern Worten: die orthographische Projection ist, strenge genommen, keine perspektivische, weil es keine Stelle in der Welt giebt, aus welcher die Kugel dem Auge so erscheint, wie diese Projection sie darstellt.

192. Denkt man sich unter ADBC (57. Fig.) eine Halbkugel, und durch jeden Punkt ihrer Oberfläche ein Perpendikel auf die Grundfläche, dergleichen a b, c d, e f sind, so laufen alle diese Perpendikel einander parallel und können also angesehen werden, als träfen sie im Unendlichen zusammen. Ein Auge daselbst würde also die Strahlen von der Oberfläche der Halbkugel nicht anders empfangen, als kämen sie von der Grundfläche derselben her. Man kann daher alle Punkte der Oberfläche der Halbkugel auf die Grundfläche derselben ver-

zeichnen, indem man jeden Punkt dahin setzt, wo das Perpendikel durch ihn die Grundfläche trifft; und eine solche Darstellung der Halbkugel wäre eine orthographische Projection derselben.

193. Da die Grundfläche der Halbkugel gerade nur halb so groß als ihre krumme Oberfläche ist, so können die verschiedenen Theile der letztern bei der orthographischen Projection nicht dieselbe Größe und Lage gegen einander behalten, die sie auf der Kugel haben; sondern alles wird daselbst in gewissem Grade zusammengedrängt. Es zeigt sich auch leicht, daß dieses Zusammendrängen desto größer wird, je näher die Theile nach dem Rande zu liegen. Denn in der Mitte wird z. B. der Bogen m n durch die Linie r s dargestellt, die nicht viel an Größe von ihm verschieden ist; hingegen muß am Rande der Bogen A b auf die kleine Linie A a gebracht werden. Daraus folgt, daß die Gestalt und Größe, welche Länder und Meere nach dieser Projection erhalten, um so mehr von ihrer wahren Gestalt und verhältnißmäßigen Größe auf der Kugel abweichen, je weiter sie sich von der Mitte entfernen; daher taugt auch diese Projection zur Darstellung der Erdkugel wenig.

Wenn D die Mitte der Oberfläche der Halbkugel bezeichnet, und man denkt sich ein Stück der Kugelfläche, das sich nach allen Seiten von D bis auf 5 Grade erstreckt, so erscheint dieses in der orthographischen Projection als ein Kreis, dessen Flächeninhalt nur sehr wenig von dem Flächeninhalt jenes Stücks der Kugelfläche verschieden ist. Setzt man nämlich r = 1 Fuß, so ist der Inhalt der Kugel-Mütze = 0,02390 Quadratfuß und der des Kreises = 0,02386 Quadratfuß. Folglich erscheint ein Land oder See innerhalb dieses Kreises fast ganz in der nämlichen Gestalt, welche es auf der Kugel hat. Hingegen ein gleiches Stück der Kugelfläche am Rande der Halbkugel genommen, giebt in der orthographischen Projection eine Ellipse, deren kleine Achse sich zur großen wie 15 : 174 verhält, und deren Inhalt noch nicht der 11te Theil von dem Inhalt der correspondirenden Kugelfläche ist; daher Gestalt und Größe der Länder hier verhältnißmäßig ganz anders als auf der Kugel ausfallen muß.

194. Wollte man von der Erdkugel eine orthographische Polarprojection verfertigen, so würden die Meridiane als gerade Linien erscheinen, die einander unter denselben Winkeln schnitten, unter welchen sich die Meridiane auf der Kugel selbst schneiden. Denn sie wären die Durchschnittslinien der Ebenen der Meridiane mit der Ebene des Aequators. Die Parallelkreise aber würden concentrische Kreise mit dem Kreis des Aequators, und ihre Halbmesser gleich dem Cosinus der Breite seyn.

195. Hingegen bei einer orthographischen Aequatorialprojection erscheint der Aequator und die

Parallelkreise als gerade und parallele Linien, deren Abstand vom Aequator gleich dem Sinus der Breite ist; denn sie sind die Durchschnittslinien der Ebenen der Parallelkreise mit der Ebene des Meridians. Die Meridiane aber werden Ellipsen, deren große Achse gleich dem angenommenen Durchmesser der Kugel, und deren halbe kleine Achse gleich dem Cosinus des Winkels ist, welchen die Ebene des correspondirenden Meridians auf der Kugel mit der Grundfläche der Halbkugel macht. Denn man denke sich durch alle Punkte eines Meridians Perpendikel auf die Grundfläche der Halbkugel, so erhält man ein Stück eines schiefen Cylinders, dessen Grundfläche die Ebene des gedachten Meridians ist. Die Grundfläche der Halbkugel durchschneidet die Seitenfläche des Cylinders senkrecht, folglich ist die Durchschnittslinie eine Ellipse; eben diese aber macht die Projection des Meridians aus. Es sei H D (58. Fig.) ein Theil eines schiefen Cylinders, dessen eine Grundfläche A D B E ist, C der Mittelpunkt, also AB = ED; ferner sei A F B C ein Durchschnitt, auf welchem die Seitenlinie F G senkrecht steht, und DCF der Neigungswinkel beider Ebenen, so ist A F B eine halbe Ellipse, deren große Achse A B, und halbe kleine = CF = CD. Cos D C F ist. Ist nun ADB der angenommene Meridian, so ist DCF der Winkel, den seine Ebene mit der Grundfläche der Halbkugel macht, CD dem Halbmesser der Kugel gleich, und AFB der auf die Grundfläche orthographisch projicirte Meridian.

196. Bei einer orthographischen Horizontal-projection müssen sowohl die Parallelkreise, als die Meridiane Ellipsen werden. Unter den letztern ist nur ein einziger ausgenommen, der durch eine gerade Linie dargestellt wird. Es stelle APBC (59. Fig.) eine Halbkugel der Erde vor, P sei der Pol, AkBl die Grundfläche der Halbkugel und zugleich die Ebene, auf welche die Oberfläche der Halbkugel projicirt werden soll, und APB der Meridian, welcher senkrecht auf der Grundfläche steht. Denkt man sich alsdann Perpendikel durch die verschiedenen Punkte des Meridians APB auf die Grundfläche, so fallen diese ganz in die Ebene desselben; folglich ist die Durchschnittslinie derselben mit der Grundfläche, nämlich die gerade Linie AB, die Projection des Meridians. Der Pol P fällt in p, und setzt man die Breite des Ortes, dessen wahren Horizontes Ebene mit der Grundfläche der Halbkugel zusammenfällt, oder den Winkel BCP $= \varphi$, und den Halbmesser der Kugel $= \rho$, so ist $Cp = \rho . \cos \varphi$.

197. Von den Parallelkreisen fallen einige ganz, andere nur zum Theil in die Horizontalfläche. Es sei dne einer der erstern; man nehme alsdann an,

daß von allen Punkten seiner Peripherie Perpendikel auf die Grundfläche gehen, so erhält man wieder einen schiefen Cylinder, dessen Seitenfläche senkrecht von der Grundfläche durchschnitten wird; folglich ist der Durchschnitt eine Ellipse, welche die Projection des Parallelkreises ausmacht. Ihre kleine Achse ist r s und ihre große gleich dem Durchmesser des Parallelkreises. Setzt man daher die Breite des Parallelkreises $= \beta$, die halbe große Achse $= a$ und die halbe kleine $= b$, so ist

$$a = \rho . \cos \beta$$
$$b = \rho . \cos \beta . \sin \varphi$$

Um den Punkt s, als den Anfangspunkt der kleinen Achse zu bestimmen, errichte man aus C das Perpendikel C z, alsdann ist der Bogen $Pz = 90 - \varphi$; $Pd = 90 - \beta$, folglich $dz = Pz - Pd = \beta - \varphi$ und

$$Cs = \rho \sin dz = \rho \sin (\beta - \varphi)$$

Für $\beta = \varphi$ wird $Cs = o$, also fällt s in C. Ist $\varphi > \beta$, so fällt Cs auf die andere Seite von C und ist $= \rho \sin. (\varphi - \beta)$. Fällt endlich β auf die entgegengesetzte Seite des Aequators, so wird $Cs = \rho \sin (\beta + \varphi)$.

198. Wenn ein Parallelkreis wie k f l nur zum Theil in der Halbkugel A P B liegt, so kann von der ihn vorstellenden Ellipse auch nur ein Theil in

die Grundfläche A k B l fallen. Man denke sich auch hier Perpendikel von allen Punkten der Peripherie auf die Grundfläche, so erhält man wieder einen schiefen Cylinder, dessen Durchschnitt mit der Grundfläche die Ellipse giebt, welche die Projection des Parallels ausmacht. Die große und kleine Achse derselben, so wie der Anfangspunkt der letztern oder die Linie C h, werden nach den vorigen Formeln für a, b, und C s bestimmt. Das Stück der kleinern Achse aber, welches dem in die Grundfläche fallenden Theil der Ellipse zugehört, oder die Linie g h, wird auf folgende Art gefunden: es ist

$$gh = gf.\ \mathrm{Cos}\ fgh = gf.\ \sin PCB = gf.\ \sin\varphi$$

Nun ist

$$gf = fm + mg = \rho.\ \mathrm{Cos}\ \beta + \rho \sin\beta.\ \mathrm{tg}\ \varphi$$

$$= \rho.\ \frac{\mathrm{Cos}\ \beta.\ \mathrm{Cos}\ \varphi + \sin\beta \sin\varphi}{\mathrm{Cos}\ \varphi} = \rho.\ \frac{\mathrm{Cos}\ (\varphi - \beta)}{\mathrm{Cos}\ \varphi}$$

(wenn β wiederum die Breite des Parallels bedeudet); folglich ist

$$gh = \rho.\ \mathrm{Cos}\ (\varphi - \beta).\ \mathrm{tg}\ \varphi$$

Für $\beta = 0$ d. i. für den Aequator wird

$$gh = \rho \sin\varphi$$

Für entgegengesetzte Breiten wird

$$gh = \rho \cos(\varphi + \beta).\ \mathrm{tg}\ \varphi.$$

199. Was die Meridiane anbetrifft, so ist schon vorhin gezeigt worden, daß derjenige, welcher senk-

recht auf der Horizontalebene steht, wie APB (60. Fig.), durch eine gerade Linie vorgestellt wird. Betrachtet man aber irgend einen andern, z. B. DPE, und denkt sich durch die Punkte seiner Peripherie Perpendikel auf die Grundfläche, so entsteht wieder ein schiefer Cylinder, dessen Durchschnitt mit der Grundfläche die Projection des Meridians giebt.

Da nun alle Meridiane, als größte Kreise, durch die Grundfläche der Halbkugel halbirt werden, so werden sie auch in der Horizontalebene insgesammt durch halbe Ellipsen dargestellt, deren große Achsen dem Durchmesser der Kugel gleich sind. Folglich durchschneiden sich die großen Achsen im Mittelpunkt der Grundfläche, und die Bogen der Grundfläche, welche zwischen die Endpunkte einer Ellipse und die Punkte A und B fallen, wie AD und BE, sind einander gleich.

So wie aber die Meridiane selbst sich in dem Pole P schneiden, so müssen die Ellipsen sich in der Projection desselben, in p, schneiden.

Die Punkte E und D, durch welche die große Achse der Ellipse geht, finden sich aus dem sphärischen Dreieck PBE, worin PB die Polhöhe (φ), der Winkel bei B ein rechter, und der Winkel am Pol als gegeben oder als willkührlich angenommen anzusehen ist; setzt man ihn $= \omega$, so ist

$$\text{tg BE} = \text{tg}\ \omega \cdot \sin \varphi.$$

Betrachtet man das sphärische Dreieck APD auf der andern Seite, so ist der Winkel am Pol dem Winkel daselbst im erstern Dreieck gleich, der Winkel bei A gleichfalls ein rechter, und der Kathete AP = 180 — BP, folglich ist sin AP = sin BP und daher tg AD = tg BE. Es folgt also auch hieraus, daß der Bogen AD = BE ist.

Die kleine Achse einer jeden dieser Ellipsen findet sich aus dem Neigungswinkel der Ebene eines jeden Meridians gegen die Grundfläche der Halbkugel. Nennt man diesen Neigungswinkel u, und den Halbmesser der Kugel wieder ρ, so ist die halbe kleine Achse = ρ, cos u.

Der Winkel u aber findet sich aus dem eben betrachteten sphärischen Dreieck PBE. Denn es ist

$$\text{Cos}\ u = \text{Cos}\ \varphi.\ \sin \omega$$

folglich ist die halbe kleine Achse = ρ. Cos φ. sin ω.

Die 61ste Figur (Tab. VII.) giebt eine Vorstellung einer orthographischen Horizontalprojection für eine Polhöhe von 60 Graden.

200. Eine andere Art der Projection ist die Centralprojection, bei welcher angenommen wird, das Auge befinde sich im Mittelpunkt der Kugel, in C (62. Fig.), und die Projectionsebene MN berühre die Kugel in P. Zieht man hier durch die Punkte a, b, c der Kugel die Linien

Cm, Cn, Co, so bezeichnen die Punkte m, n, o die Stellen, in welchen die Punkte a, b, c projicirt werden, oder die Linien Pm, mn, no sind die Projectionen der Bogen Pa, ab, bc. Man sieht leicht, daß hier die Theile in der Projection desto größer werden, je weiter sie sich von der Mitte entfernen, und daß die Ebene MN sich ins Unendliche ausdehnen müßte, wenn die ganze Halbkugel darauf vorgestellt werden sollte. Das ist also unmöglich, und man kann diese Projectionsart nur zur Darstellung kleinerer Theile, als die Halbkugel gebrauchen, ja sie müssen beträchtlich kleiner als diese seyn, wenn die Ausdehnung nach dem Rande zu und die daraus entstehende Verzerrung der dargestellten Gegenstände nicht gar zu groß seyn soll. Man pflegt daher auch von dieser Projectionsart keinen Gebrauch bei Landkarten, sondern allenfalls zur Darstellung kleinerer Theile der Himmelskugel zu machen. Ein kurzer Abriß ihrer Theorie wird hier also genug seyn.

201. Da das Auge hier im Mittelpunkt der Kugel angenommen wird, so liegt es in der Ebene eines jeden größten Kreises derselben; folglich ist die Projection eines jeden solchen Kreises die Durchschnittslinie der erweiterten Ebene desselben und der Projectionsebene, d. i. eine gerade Linie. Die

Meridiane erscheinen folglich hier immer als gerade Linien, bei jeder Lage des Pols gegen das Auge.

Nehmen wir nun an, es sei P (62. Fig.) der Pol, so machen die Ebenen der Parallelkreise, wie b f, die Grundflächen gerader Kegel, dergleichen b C f ist; erweitert man daher den Kegel bis an die Ebene M N, so giebt der Durchschnitt dieser Ebene und des Kegels die Projection des Parallelkreises. Da nun die Ebene M N den Ebenen der Parallelkreise parallel ist, so sind auch ihre Durchschnitte mit den Kegeln Kreise; folglich werden die Parallelkreise in diesem Fall durch concentrische Kreise dargestellt. Die Halbmesser dieser Kreise lassen sich leicht bestimmen. Denn setzt man den Abstand des Parallelkreises vom Aequator oder seine Breite $= \varphi$ und den Kugelhalbmesser C A $= \rho$, so ist der Halbmesser des Kreises $= \rho . \cot \varphi$.

Die Meridiane schneiden sich als gerade Linien in dem Pol P unter denselben Winkeln, unter welchen sie sich auf der Kugel wirklich schneiden.

202. Berührt die Projectionsebene die Kugel in einem Punkt des Aequators, so erscheint der Aequator als eine gerade Linie, die Parallelkreise aber als hyperbolische Linien. Denn gesetzt, es sei S A P (63. Fig.) eine Halbkugel, welche von der Ebene M N in einem Punkt A des Aequators berührt

wird, und es wäre die Frage, wie sich der durch b gehende Parallelkreis auf MN projicire, so denke man sich den geraden Kegel Cbf bis gh erweitert, alsdann giebt der Durchschnitt der Ebene MN und des Kegels die Projection des Parallelkreises; da aber MN der Achse CP des Kegels parallel geht, so ist der Durchschnitt eine Hyperbel.

Die Meridiane bilden gerade und parallele Linien, die den Aequator rechtwinklig durchschneiden, und deren Abstand von der mittelsten, als der Projection des Meridians PAS, durch die Tangenten der Winkel bestimmt werden, welche die Meridiane selbst mit PAS machen.

203. Nimmt man endlich an, der Pol P (64. Fig.) falle zwischen den Berührungspunkt Z und die Grundfläche der Halbkugel AB, so werden die Parallelkreise, nach Verschiedenheit ihrer Lage, durch verschiedene Kegelschnitte dargestellt. Z. B. der Parallelkreis Dfe macht die Grundfläche des geraden Kegels dCe, und wird dieser verlängert, so wird er von der Ebene MN schief durchschnitten, folglich ist die Projection dieses Kreises eine Ellipse. Dasselbe ist der Fall mit allen denjenigen Parallelkreisen, welche von dem Pol P um weniger als den Bogen PB abstehen. Der Parallelkreis BK ist die Grundfläche des geraden Kegels BCK, wel-

cher, verlängert, von der Ebene, MN, parallel mit der Seite CB durchschnitten wird; folglich ist der Durchschnitt eine Parabel. Diejenigen Kreise endlich, welche noch weiter als PK von P abstehen, werden in der Projection durch Hyperbeln dargestellt.

Die Meridiane bilden gerade Linien, die sich in dem Punkt p, als der Projection des Pols P, schneiden, jedoch unter andern Winkeln, als denen, unter welchen die Meridiane einander selbst schneiden. Setzt man den Winkel PCB $= \varphi$, ferner den Winkel, unter welchem der Meridian BPA von einem andern durchschnitten wird $= \lambda$, und den auf MN projicirten Winkel $= \lambda'$, so findet sich dieser durch die Gleichung $\text{tg}\,\lambda' = \text{tg}\,\lambda.\ \sin\varphi$. Der Beweis aber würde hier zu weitläuftig seyn.

Vergl. Mayer a. a. O. §. 89. Eine Abhandlung von Kästner über diese Projectionsart findet sich in den Actis der Erfurt. Akad. d. Wiss. auf das Jahr 1776.

204. Eine dritte Art der Projection, von welcher man bei Verfertigung der Landkarten häufig Gebrauch gemacht hat und noch macht, ist die stereographische. Bei dieser nimmt man an, die Fläche eines größten Kreises sei die Projectionsebene, und das Auge befinde sich im Pole dieses Kreises. Soll z. B. die Halbkugel APB (65. Fig.)

in eine Ebene gebracht werden, so ist A B die Projectionsebene, und das Auge wird in S gedacht. Der Punkt D wird alsdann in d, der Punkt E in e projicirt; folglich fällt der Bogen P D auf die Linie C d, und B E auf B e. Die Bogen P D und B E sind hier gleich; aber C d ist merklich kleiner als B e. Also werden gleiche Theile der Kugelfläche in dieser Projection desto größer, je weiter sie nach dem Rande zu liegen; oder vielmehr, sie verengern sich desto mehr, je näher sie der Mitte liegen, denn auch die Linie B e ist schon etwas kleiner als der correspondirende Bogen B E.

Soll nun eine Polarprojection nach dieser Entwerfungsart verfertigt werden; stellt also P den einen, und S den andern Pol vor; so befindet sich das Auge in der gemeinschaftlichen Durchschnittslinie der Ebenen aller Meridiane, die noch dazu auf der Projectionsebene senkrecht steht; folglich erscheinen die Meridiane als gerade Linien, die sich um C unter denselben Winkeln schneiden, wie die Meridiane selbst.

Die Parallelkreise hingegen stellen sich als concentrische Kreise um C dar. Denn man betrachte z. B. den Parallelkreis E F, so macht dessen Ebene die Grundfläche des geraden Kegels F S E aus, und dieser wird durch die Projectionsebene A B parallel mit der Grundfläche durchschnitten, folglich ist der Durchschnitt ein Kreis. Der Halbmesser Ce findet sich leicht durch die Proportion (SC + CG) : GE = SC : Ce, wo CG der Sinus, und GE der Cosinus des Bogens BE ist. Nennt man also überhaupt den Halbmesser der Kugel ρ, die Breite eines Parallelkreises φ, und den Halbmesser desselben h, so ist

$$h = \rho \frac{\cos \varphi}{1 + \sin \varphi}$$

oder da der Winkel PSE = $\frac{1}{2}$ (90° — BE) = 45° — $\frac{1}{2}\varphi$ ist, und 1 : tang PSE = SC : Ce, so ist $h = \rho . \operatorname{tg} (45^\circ - \frac{1}{2}\varphi)$

205. Wird die Projectionsebene durch die beiden Pole, P und S (66. Fig.), gelegt, d. i. eine Aequatorial-Projection construirt, so hat man sich das Auge in Q, einem Punkt des Aequators AQ, zu denken. Es liegt daher sowohl in der Ebene des Aequators, als des Meridians PASQ; folglich erscheinen beide in der Projection als gerade, einander rechtwinklig in der Mitte durchschneidende Linien. Die übrigen Meridiane aber, und die Parallelkreise erscheinen als Kreise — ein Umstand, der dieser Entwerfungsart sehr zur Empfehlung gereicht.

Um das letztere zu erweisen, sei BD ein Parallelkreis; denkt man sich dann aus Q die gerade Linie QB um diesen Kreis herumgeführt, so erhält man einen schiefen Kegel, QBD, der durch die Projectionsebene SP in mn durchschnitten wird; die Durchschnittslinie dieser Ebene aber und der Kegelfläche giebt die Projection des halben Parallelkreises. Es kommt also darauf an die Art dieses Kegelschnitts zu bestimmen.

Zu dem Ende verlängere man QD und CP, bis sie sich in E schneiden; alsdann ist in dem rechtwinkligen Dreieck QCE der Winkel o = 1 R — CQE. Es ist aber CQE oder AQD als Peripheriewinkel = $\frac{1}{2}$ ABD = 1 R — $\frac{1}{2}$ QD; folglich o = $\frac{1}{2}$ QD. Nun ist auch der Winkel QBD = $\frac{1}{2}$ QD; folglich ist o = QBD. Der schiefe Kegel wird also von der Projectionsebene so durchschnitten, daß der Durchschnitt ein Wechselschnitt (sectio subcontraria) ist; folglich ist er ein Kreis. (Vergl. mein Lehrb. der Mathematik S. 573.)

Der Punkt m, in welchem der projicirte Kreis die Linie PS durchschneidet, wird dadurch bestimmt, daß Cm = ρ. tg $\frac{1}{2}$ φ ist, wenn ρ wieder den Halbmesser der Kugel, und φ die Breite des Parallelkreises bedeutet. Nimmt man hierzu noch die Durchschnittspunkte der Peripherien der Projectionsebene und des Parallelkreises, deren Abstand vom Aequator = φ ist; so hat man drei Punkte, welche die Lage und Größe des Kreises bestimmen. — Es ist aber auch der

Halbmesser dieses Kreises $= \frac{1}{2}$ E m $= \frac{1}{2}$ (C E — C m)
$= \frac{1}{2}\rho(\cot\frac{1}{2}\varphi - \mathrm{tg}\,\frac{1}{2}\varphi) = \frac{1}{2}\rho\,\frac{\mathrm{Cos}\,\frac{1}{2}\varphi^2 - \mathrm{Sin}\,\frac{1}{2}\varphi^2}{\mathrm{Sin}\,\frac{1}{2}\varphi\;\mathrm{Cos}\,\frac{1}{2}\varphi}$
$= \rho\,\frac{\mathrm{Cos}\,\varphi}{\mathrm{Sin}\,\varphi} = \rho\,\cot\varphi.$

206. Auf eine ähnliche Art läßt sich zeigen, daß auch die Meridiane sich in Kreisen projiciren. Denn es sei A C Q R (67. Fig.) der Aequator (man denke sich die vorige Figur um A Q 90° herumgedreht), das Auge in Q, die Pole in P, P A Q der mittelste Meridian, der durch eine gerade auf C R senkrechte Linie projicirt wird, und irgend ein anderer Meridian P N M durchschneide die Ebene des Aequators in MN, unter einem Winkel M P Q $= \lambda$ (welches der Längenunterschied beider Meridiane ist), so ist Q wieder die Spitze eines schiefen Kegels Q N M, der von der Projectionsebene in P n durchschnitten wird. Verlängert man darauf R C und Q M, bis sie sich in F schneiden, so ist der Winkel bei F $=$ 1 R — P Q M und P Q M $=$ 1 R — $\frac{1}{2}$ M P Q; folglich ist F $= \frac{1}{2}$ M P Q $= \frac{1}{2}\lambda$. Eben so groß aber ist der Winkel bei N; folglich ist der Schnitt ein Wechselschnitt und die Durchschnittslinie ein Kreis.

Die Lage und Größe dieses Kreises wird durch den Punkt n und die beiden Pole bestimmt. Es ist aber P n $= \rho.\ \mathrm{tang}\,\frac{1}{2}\lambda$.

Der Halbmesser des Kreises ist $= \frac{1}{2}$ F n, und da der Winkel F Q n als ein Winkel im Halbkreis $= 1$ R ist, so ist $Fn : Qn = 1 : \sin \frac{1}{2} \lambda$, und daher

$$Fn = \frac{Qn}{\sin \frac{1}{2} \lambda}. \quad \text{Nun ist } Qn = \frac{\rho}{\cos \frac{1}{2} \lambda};$$

also $Fn = \dfrac{\rho}{\sin \frac{1}{2} \lambda . \cos \frac{1}{2} \lambda}$ und daher der Halbmesser $\frac{1}{2} Fn = \dfrac{\rho}{2 \sin \frac{1}{2} \lambda . \cos \frac{1}{2} \lambda} = \dfrac{\rho}{\sin \lambda}$.

207. Um endlich eine stereographische Horizontalprojection zu verfertigen, bestimme man zuerst die Lage des Pols P (68. Fig.) gegen die angenommene Horizontalebene H R. Es sei $PR = \alpha$. Der Pol P fällt in p, und es ist $Cp = \rho \text{ tang } \frac{1}{2} ZP = \rho \text{ tang } (45^\circ - \frac{1}{2} \alpha)$.

Man betrachte darauf den Parallelkreis AB, dessen Abstand vom Aequator $= \varphi$ sei; so fällt seine Projection in m n, und der schiefe Kegel, ANB, wird von der Projectionsebene wiederum so durchschnitten, daß der Durchschnitt ein Kreis ist. Denn der Winkel C m N ist $= 1 \text{ R} - \frac{1}{2} AZ = 1 \text{ R} - \frac{1}{2} (2 \text{ R} - AN) = \frac{1}{2} AN$; eben so groß aber ist auch der Winkel B, da er auf dem Bogen AN steht.

Der Punkt m wird dadurch bestimmt, daß

$Cm = \rho \tan \frac{1}{2} AZ = \rho \operatorname{tg} (90 - \frac{1}{2} (\varphi + \alpha)) = \rho \cot \frac{1}{2} (\varphi + \alpha)$ ist.

Ferner ist $Cn = \rho \operatorname{tg} \frac{1}{2} ZB = \rho \operatorname{tg} \frac{1}{2} (\varphi - \alpha)$; und $Nn = \frac{\rho}{\cos \frac{1}{2} (\varphi - \alpha)}$. Daraus erhält man in dem Dreieck Nnm, die Seite mn, als den Durchmesser des Kreises $= \frac{\rho \cos \varphi}{\operatorname{Sin} \frac{1}{2} (\varphi + \alpha) . \cos \frac{1}{2} (\varphi - \alpha)}$ woraus sich nach gehöriger Entwickelung des Nenners $mn = \frac{2 \rho \cos \varphi}{\operatorname{Sin} \varphi + \operatorname{Sin} \alpha}$ ergiebt, und daher der Halbmesser $\frac{1}{2} mn = \frac{\rho \cos \varphi}{\operatorname{Sin} \varphi + \operatorname{Sin} \alpha}$

Für $\varphi = \alpha$ wird der Halbmesser $= \frac{\rho \cos \varphi}{2 \operatorname{Sin} \varphi} = \frac{1}{2} \rho \cot \varphi$, und für $\varphi = 0$, d. i. für den Aequator wird er $= \frac{\rho}{\operatorname{Sin} \alpha}$.

Auch kann man aus dieser Formel die obigen Ausdrücke für den Halbmesser eines Parallelkreises in der Aequatorial- und in der Polarprojection erhalten, je nachdem man $\alpha = 0$ oder $= 90$ setzt.

208. Was die Meridiane anbetrifft, so wird zuerst derjenige, in dessen Ebene sich das Auge selbst befindet, und den man hier als den mittelsten betrachten kann, nämlich RPH (69. Fig.) durch eine gerade Linie dargestellt, die durch den Mit-

telpunkt C der Projectionsebene, und durch den projicirten Pol geht. Die übrigen Meridiane erscheinen wiederum als Kreise.

Um dieses zu beweisen, nehme man einen andern Meridian, z. B. PDS. Dieser macht die Grundfläche eines schiefen Kegels, dessen Spitze in N liegt, und NC ist die Achse des Kegels. Der Neigungswinkel der Achse gegen die Grundfläche wird durch den Bogen MN eines größten Kreises bestimmt, der von N senkrecht auf die Grundfläche geht. Setzt man nun den sphärischen Winkel DSN, als den Längenunterschied beider Meridiane, $= \lambda$, und den Bogen PR, wie im vorigen, $= \alpha$, so ist NS $= 90^{\circ} - \alpha$ und Sin MN $=$ Cos α. Sin λ. Denkt man sich darauf durch die Achse NC und den Punkt M eine Ebene gelegt, so steht diese auf der Grundfläche senkrecht — weil MN senkrecht auf derselben steht — und ihre Durchschnitte mit der Grundfläche und der Seitenfläche des Kegels geben den Neigungswinkel NOM der Seite des Kegels gegen die Grundfläche. Dieser ist ein Peripheriewinkel in dem größten Kreise, dessen Bogen MN ist, und er steht auf diesem Bogen, folglich ist die Hälfte desselben sein Maaß.

Die Achse NC steht auf der Projectionsebene HR senkrecht, folglich steht auch diese Ebene auf der durch die Achse gelegten Ebene senkrecht, und daher giebt die Durchschnittslinie beider Ebenen die Neigungswinkel der Seiten des Kegels gegen die Projectionsebene; wodurch alsdann die Art des Kegelschnittes bestimmt wird.

Es stelle nun die 70ste Figur die durch die Achse und den Punkt M gelegte Ebene vor, G F ihren Durchschnitt mit der Projectionsebene, N C die Achse, M O die Durchschnittslinie der Grundfläche, N O und N M die Seiten des Kegels; so sind die Winkel

$$x + z = 1\,\mathfrak{R}$$

desgl. $z + y = 1\,\mathfrak{R}$, weil M N O ein Winkel im Halbkreis ist; folglich ist $x = y$

Nun ist auch $y = u$, weil $CN = CO$ ist; folglich ist $u = x$; mithin der Durchschnitt G F ein Wechselschnitt, folglich ein Kreis.

Die Größe des Durchmessers F G zu finden, setze man folgendes:

$$FG : GN = 1 : \text{Sin } x$$
$$GN : CN = 1 : \text{Cos } y$$

$$\text{folglich } FG : CN = 1 : \text{Sin } x.\ \text{Cos } y$$
$$= 1 : \text{Sin } x.\ \text{Cos } x$$

Wird nun $CN = \rho$ gesetzt, so ist

$$FG = \frac{\rho}{\text{Sin } x.\ \text{Cos } x} \text{ folglich der Halbmesser}$$

$$\frac{FG}{2} = \frac{\rho}{2\,\text{Sin } x.\ \text{Cos } x} = \frac{\rho}{\text{Sin } 2x}$$

Es ist aber x = u, und u eben der Peripheriewinkel, der, wie vorhin bemerkt, auf dem Bogen MN steht; und daher ist $x = \frac{1}{2}$ MN oder 2 x = MN. Da nun, dem obigen zufolge, Sin MN = Cos α. Sin λ ist, so ist der Halbmesser des Kreises

$$\frac{1}{2} \text{FG} = \frac{p}{\text{Cos } \alpha . \text{ Sin } \lambda}$$

Aus dieser Gleichung lassen sich wieder die Ausdrücke für die Halbmesser der Meridiankreise in der Aequatorial- und Polarprojection herleiten, wenn man $\alpha = 0$ oder $= 90$ setzt.

Endlich lassen sich auch die Punkte, in welchen die projicirten Meridiane die Peripherie der Projectionsebene schneiden, leicht aus dem Dreieck PDR (69. Fig.) finden, indem D einen solchen Durchschnittspunkt vorstellt. Es ist nämlich

$$\text{tg RD} = \sin \alpha . \text{ tg } \lambda .$$

Ist also AHBR (71. Fig.) die Projectionsebene, HR die Projection des mittelsten Meridians, so lassen sich für die verschiedenen Werthe von λ, die man willkührlich annimmt, und etwa von 20 zu 20 Graden bestimmt, die Bogen RD, RE, RF u. s. w. nach der angegebenen Formel berechnen, und ihnen entsprechen auf der andern Seite die gleichen Bogen Hd, He, Hf. Ist nun p der Projectionspunkt des Pols, so hat man für jeden Kreis drei Punkte, woraus seine Lage und Größe bestimmt werden kann. Die letztere ergiebt sich überdieß schon aus der vorhin aufgestellten Formel für den Halbmesser.

Es verdient noch bemerkt zu werden, daß, wenn K der Mittelpunkt des Bogens ApB ist, dessen Sehne AB auf HR senkrecht steht, die Mittelpunkte aller übrigen Bogen, wie Fpf, Epe, Dpd, in der geraden Linie MN liegen, die durch K mit AB parallel gezogen ist. Hiernach ist es leicht, den Mittelpunkt eines jeden solchen Bogens durch Construction zu finden.

209. Die stereographische Projection hat außer der vortheilhaften Eigenschaft, daß die Meridiane und die Parallelkreise sich immer in geraden Linien oder Kreisen projiciren, auch noch den Vorzug, daß diese Linien sich in der Projection **unter denselben Winkeln wie auf der Kugel selbst schneiden.** Dieß läßt sich leicht auf folgende Art darthun.

Es sei G (72. Fig.) der Punkt auf der Kugel, in welchem zwei Kreise einander schneiden, das Auge liege in O, und man denke sich durch den Mittelpunkt der Kugel, C, durch G und O eine Ebene AOBF gelegt, (die hier in die Ebene des Papiers fällt). Durch C werde ferner die Projectionsebene ADBE senkrecht auf AOBF gelegt, so ist der Punkt g die Projection des Punktes G. Der Winkel, unter welchem die beiden Kreise in G einander schneiden, wird durch die Tangenten dieser Kreise in G bestimmt, und diese fallen in die Ebene, welche die Kugel in G berührt, und welche ebenfalls auf der Ebene AOBF (der Ebene des Papiers) senkrecht steht. Es seien GI und GL diese Tangenten (die Kreise selbst sind in der Figur als unnöthig weggelassen), und man denke sich die Tangential-Ebene so weit ausgedehnt, daß sie die gleichfalls erweiterte Projectionsebene in IL durchschneidet, so steht die Durchschnittslinie IL auf der erweiterten Ebene des Kreises AOBF (d. i. auf der Ebene des Papiers) senkrecht. Alsdann lege man eine Ebene durch OGI und eine andere durch OGL, so sind ihre Durchschnittslinien mit der Projectionsebene, nämlich gI und gL, die Projectionen der Tangenten GI und GL, so wie gK die Projection von GK, als der Durchschnittslinie der Tangential-Ebene und der erweiterten Ebene AOBF ist.

Nun ist GK = gK (weil der Winkel, den die Tangente mit der Sehne macht, dem Winkel im entgegenstehenden Abschnitt gleich, und dieser = BgG ist) und da IK auf der erweiterten Ebene AOBF senkrecht steht, so sind die Dreiecke IKG und IKg einander gleich; folglich ist auch der Winkel KGI = KgI. Eben so sind auch die Dreiecke LKG und LKg einander gleich; folglich auch der Winkel

KGL = KgL. Also ist auch KGI + KGL = KgI + KgL d. i. IGL = IgL.

Daß aber gI und gL auch die Tangenten der auf ADBE projicirten Kreise sind, erhellet daraus, daß die durch OGI gelegte Ebene den Kegel, welchen der Kreis, dessen Tangente GI ist, zugehört, in OG berührt, und daß jede Tangente eines Kegelschnittes an irgend einem Punkt der Linie OG in diese Ebene fallen muß. Eben so ist es mit gL in Beziehung auf den Kegel, dessen Tangential-Ebene durch OGL geht.

Dieser Beweis ist der Hauptsache nach aus la Croix mathematischer Geographie entlehnt.

Die Theorie der stereographischen Projection ist umständlich auseinandergesetzt von Kästner in einer Abhandlung, die in seinen dissertationibus mathemat. et phys. Altenburg. 1771. 4. p. 88. etc. steht. — Ein Programm von Klügel (Halle 1788.) enthält eine „Geometrische Entwickelung der Eigenschaften der stereographischen Projection." Eine rein analytische Darstellung der Theorie dieser Projection von Mollweide (für Kenner der höhern Mathematik) findet sich im 14ten Bande der monatlichen Correspondenz.

210. Außer den perspectivischen Projectionen — die, unter andern, insgesammt den Mangel haben, daß sich kein geradlinigter Maaßstab dabei anbringen läßt, nach welchem die Entfernungen verschiedener

Orte auf der Karte der Wahrheit gemäß bestimmt werden könnten — hat man noch vielerlei andere Entwerfungsarten in Vorschlag und in Ausübung gebracht, wodurch man bald diesen bald jenen Zweck vorzüglich zu erreichen suchte. *) Unter diesen verdienen die sogenannten Entwerfungen durch Abwickelung um so mehr erwähnt zu werden, je häufiger man sich derselben heut zu Tage zu bedienen pflegt. Man betrachtet nämlich eine Kugelzone als Oberfläche eines abgestumpften geraden Kegels, und indem man sich diese in eine Ebene ausgebreitet, oder von dem Kegel abgewickelt vorstellt, erhält man eine Entwerfung der Kugelzone durch Abwickelung. Man kann hierbei auf mehr als eine Art zu Werke gehen.

211. Das einfachste Verfahren ist, daß man annimmt, der Kegel berühre die Kugelzone in ihrem mittelsten Kreise. Es sei z. B. ACQP (73. Fig.) die Halbkugel der Erde, AQ der Aequator, P der Pol, abdc die zuentwerfende Zone und ef der mittelste Parallelkreis derselben, so ist der Kegel mpn, der die Kugel in ef berührt, eben der, auf

*) Man vergl. Lamberts Anmerkungen und Zusätze zur Entwerfung der Land- und Himmelskarten — im dritten Theile seiner Beiträge zum Gebrauche der Mathematik ꝛc.

welchen die Kugelzone zurückgebracht werden soll. Wird aber die Oberfläche eines geraden Kegels in eine Ebene ausgebreitet, so giebt sie bekanntlich einen Kreisausschnitt, dessen Halbmesser der Seite des Kegels, und dessen Bogen der Peripherie der Grundfläche gleich ist; also erscheint auch die Zone a b d c als ein Streifen, der zwischen zwei concentrischen Kreisen eingeschlossen ist. Ueberhaupt bilden sich die Parallelkreise bei dieser Entwerfungsart als concentrische Kreise, und die Meridiane als gerade, nach dem Mittelpunkt der Parallelkreise gerichtete Linien ab. Man hat also auch hier den Vortheil, daß sich beide, wie auf der Kugel selbst, rechtwinklig durchschneiden.

Um den Halbmesser eines jeden Parallelkreises zu bestimmen, kommt es zuerst darauf an, den Halbmesser für den Kreis e f, welchen der Kegel mit der Kugel gemein hat, d. i. die Linie e p, zu finden. Setzt man aber Q e $= \varphi$, als die Breite des Kreises e f, und den Halbmesser der Kugel, C e $= \rho$, so ist

$$ep = \rho \cot \varphi.$$

Die Halbmesser der übrigen Parallelkreise finden sich dadurch, daß man ihren Abstand von e f aus ihrem Breiten-Unterschiede berechnet. Wäre z. B. c d um m Grade von e f entfernt, so wäre sein Abstand von diesem in gerader Linie $= \frac{m}{180} \cdot \rho \pi$ (wo π die Ludolphische Zahl bedeutet). Um so viel müßte man also den Halbmesser für e f verkürzen, um den Parallelkreis c d zu erhalten, und um eben so viel müßte man ihn verlängern, um den Halbmesser von a b zu bekommen. Auf ähnliche Weise aber lassen sich auch die Halbmesser der übrigen Parallelkreise zwischen a b und c d finden.

Die Lage der Meridiane findet sich dadurch, daß man die Größe eines gewissen Bogens des Parallelkreises e f, von so vielen Graden als die Meridiane von einander abstehen sollen, berechnet, und auf der Projection dieses Parallelkreises abträgt. Setzt man den angenommenen Abstand der Meridiane von einander = n Graden, so ist dieses auf dem Parallelkreise e f $= \frac{n}{180} \cdot \rho \pi \cos \varphi$. Ist also p der Mittelpunkt der projicirten Parallelkreise, und man nimmt eine aus p mitten durch die Parallelkreise gezogene gerade Linie als mittlern Meridian an, so muß man die für n Grade gefundene Größe auf dem Parallelkreise e f zu beiden Seiten des mittlern Meridians so vielmal abtragen, als es die Länge des ganzen Entwurfs zuläßt. Zieht man darauf aus p durch die Endpunkte der auf e f abgemessenen Bogen, gerade Linien, so stellen diese die Meridiane vor.

Die 74ste Figur kann dieses erläutern. BDp stellt ein Stück der abgewickelten Kegelfläche vor, ef einen Bogen des Parallelkreises, in welchem der Kegel die Kugel berührt, Ap den mittlern Meridian; ch, ck u. s. w. sind die Abtheilungen, welche n Graden des Parallelkreises ef entsprechen; und pm, po u. s. w. die Meridiane.

212. Es ist indessen leicht einzusehen, daß bei dem beschriebenen Verfahren nicht die Bogen ch, hi u. s. w., sondern eigentlich ihre Sehnen n Graden des Parallelkreises ef auf der Kugel gleich seyn werden; folglich sind die Bogen selbst etwas größer, als die ihnen correspondirenden auf der Kugel. Um beide einander gleich zu machen, berechne man die Größe des Winkels cph, wenn der Bogen ch einem Bogen von n Graden des Kreises ef auf der Kugel gleich seyn soll.

Setzt man den Halbmesser des Parallelkreises auf der Kugel $= \rho'$; den Halbmesser pe $=$ R und den Winkel cph oder den Bogen ch $=$ x Graden, so erhält man

$$\frac{2\rho'\pi}{360} n = \frac{2R\pi}{360} x$$

folglich

$$x = \frac{\rho'}{R} n$$

und da $\rho' = \rho \cos\varphi$; $R = \rho \cot\varphi$ ist, so ist

$$x = \frac{\rho \cos\varphi}{\rho \cot\varphi}\, n = \sin\varphi .\, n$$

Die Sehne dieses Bogens aber ist

$$= 2\, \rho \cot\varphi \sin \frac{\sin\varphi .\, n}{2}$$

Mit dieser Größe müßte man also die Bogen ch, hi u. s. w. abmessen, um die Meridiane auf dem projicirten Bogen ef in ihre richtige Entfernung von einander zu bringen.

213. Wenn aber auch auf diese Weise der Abstand der Meridiane von einander auf dem projicirten Parallelkreise ef richtig bestimmt ist, so wird er doch auf den andern Parallelkreisen sich desto mehr von der Wahrheit entfernen, je weiter diese von ef abstehen, weil die Gestalt eines zwischen zwei parallelen Ebenen enthaltenen Kugelstücks von der Gestalt eines abgestumpften Kegels desto mehr abweicht, je breiter es ist; folglich auch die Meridiane sich nicht genau in geraden Linien projiciren. Man hat daher vorgeschlagen, den wahren Abstand der Meridiane für jeden Parallelkreis besonders zu berechnen — wozu man die für den mittlern Parallelkreis angegebene Formel gebrauchen kann, wenn man statt φ die jedesmalige Breite des Parallels setzt — und durch die auf diese Art bestimmten zusammen-

gehörigen Punkte krumme Linien zu ziehen, welche die Meridiane vorstellen. Diese Entwerfungsart ist zwar nicht so einfach, als die erstere, aber sie giebt eine getreuere Darstellung eines gewissen Erdstrichs, und gewährt den Vortheil, daß die Entfernungen zweier Orte auf demselben sich nach einem geradlinigen Maaßstabe weniger fehlerhaft bestimmen lassen.

Der Urheber dieser Entwerfungsart ist Bonne, ein französischer Geograph aus der letzten Hälfte des abgewichenen Jahrhunderts.

Daß durch sie die Länder ihrem wahren Flächeninhalte gemäß dargestellt werden, zeigt Mollweide im XIII. Bande der monatl. Corresp. S. 144. ff.

Ein Werk, worin alles, was zur Theorie und praktischen Anwendung dieser Entwerfungsart gehört, umständlich abgehandelt ist, und welches zugleich eine vollständige Theorie des Sphäroids enthält, ist folgendes: Memoire sur la projection des cartes géographiques, adoptée au depot général de la guerre; par *M. Henry* à Paris 1810. 4. Vergl. monatl. Corresp. XXV. Bd. S. 418. ff. Die Projection wird hier die modificirte Flamsteed'sche genannt.

214. Eine andere Art eine Kugelzone durch eine abgewickelte Kegelfläche darzustellen, hat der Engländer Murdoch, um die Mitte des vorigen Jahrhunderts, angegeben. Nach dieser soll der Kegel die Kugelzone nicht berühren, sondern zweimal

durchschneiden, und die Kegelzone soll der durch sie vorgestellten Kugelzone an Inhalt völlig gleich seyn.

Es sei also ABC (75. Fig.) ein Quadrant, ab ein Bogen desselben, der von MN in e und f so durchschnitten wird, daß der nach der Mitte D des Bogens ab gehende Halbmesser CD senkrecht auf ihr steht, und KN = dem Bogen Da; KM = dem Bogen Db; also auch KN = KM ist; denkt man sich alsdann, das Ganze drehe sich um CB, so beschreibt der Quadrant eine Halbkugel, ab eine Zone desselben, und MN eine Kegelfläche. Soll nun die von ab beschriebene Zone, durch die von MN beschriebene Kegelfläche dargestellt werden, so müssen, nach Murdoch, beide einander gleich seyn. Setzt man also den Halbmesser der Kugel = r, den Halbmesser des mittlern Kegeldurchschnittes KV = ρ, und die Höhe der Kugelzone oder den Abstand beider Parallelkreise = h, so ist

$$2\, r\, \pi\, h = 2\, \rho\, \pi .\, MN$$

folglich

$$\rho = \frac{r\, h}{MN}$$

Wird nun die Breite des durch a beschriebenen Parallelkreises = α, und des durch b beschriebenen = β gesetzt, so ist

$$h = r .\, (\sin \alpha - \sin \beta)$$

und

$$MN = ab = 2 r \pi \frac{\alpha - \beta}{360} = r \pi \frac{\alpha - \beta}{180}$$

folglich

$$\rho = \frac{r^2 (\sin \alpha - \sin \beta)}{r \pi} \cdot \frac{180}{\alpha - \beta}$$

$$= \frac{r. \cos \frac{1}{2} (\alpha + \beta) . \sin \frac{1}{2} (\alpha - \beta)}{\pi} \cdot \frac{360}{\alpha - \beta}$$

Obgleich aber auf diese Art die Seite MN der Kegelfläche, der Halbmesser ρ des mittlern Durchschnittes, und der Inhalt der Kegelfläche $= 2 \rho \pi$. MN bestimmt sind, so würde doch die Gestalt des abgestumpften Kegels selbst noch unbestimmt seyn — indem die angegebenen Stücke bei unzählig verschiedenen Kegeln statt finden könnten — wenn nicht die Bedingung hinzugesetzt wäre, daß der nach der Mitte des Bogens ab gehende Halbmesser CD von MN senkrecht durchschnitten werden solle; dadurch wird die Aufgabe bestimmt. Es kommt also darauf an, den Punkt K in dem Halbmesser CD zu finden.

Es ist aber der Winkel CKV = ACK = $\frac{1}{2}$ $(\alpha + \beta)$ und daher

$$CK = \frac{\rho}{\cos \frac{1}{2} (\alpha + \beta)}$$

Verlängert man darauf MN und CB bis nach p, so ist der Winkel bei p = CKV = $\frac{1}{2}(\alpha + \beta)$ und daher

$$Kp = \frac{CK}{tg\frac{1}{2}(\alpha+\beta)} = \frac{\rho}{\cos\frac{1}{2}(\alpha+\beta) \cdot tg\frac{1}{2}(\alpha+\beta)}$$

$$= \frac{\rho}{\sin\frac{1}{2}(\alpha+\beta)}$$

Um endlich auch die Punkte e und f, in welchen die Seite des Kegels die Kugel trifft, zu finden, sei $De = \delta$; so ist

$$\operatorname{Cos} \delta = \frac{CK}{Ce} = \frac{\rho}{r \cos\frac{1}{2}(\alpha+\beta)}$$

und

$$Ke = Kf = r. \operatorname{Sin} \delta$$

Nach diesen Angaben ist es leicht zu verstehen, wie ein Netz nach dieser Entwerfungsart zu verfertigen sei. Die Meridiane werden lauter gerade, nach der Spitze der Kegelfläche zusammenlaufende Linien, und die Parallelkreise concentrische aus eben dieser Spitze beschriebene Bogen. Die mit pe und pf beschriebenen Bogen sind den correspondirenden Parallelkreisen auf der Kugel an Größe gleich. Man kann also für diese den Abstand der Meridiane von einander berechnen und nach der oben beschriebenen Art (§. 210.) auf ihre Projection übertragen.

Die Theorie dieser Entwerfungsart, verbunden mit einer vortrefflichen Kritik derselben, giebt Albers im XI. Bande der monatl. Correspond., wo er zugleich noch zwei andere Murdochische Kegelprojectionen beschreibt und erläutert.

Eben derselbe beschreibt im XII. Bande der monatl. Corresp. eine von ihm selbst erfundene Kegelprojection, die man eine verbesserte Murdochische nennen könnte.

215. Ganz verschieden von den bisher beschriebenen Entwerfungsarten ist diejenige, welche man bei Verfertigung der Seekarten anwendet. Bei diesen hat man den Zweck, dem Schiffe ein bequemes Mittel zu verschaffen, seinen Weg auf dem Meere zu bestimmen. Um auf der Erdkugel von einem Orte zum andern auf dem kürzesten Wege zu gelangen, müßte man einen Bogen eines größten Kreises beschreiben; dieß würde für den Schiffer die Unbequemlichkeit haben, daß er die Richtung des Schiffes jeden Augenblick ändern müßte, wofern nicht sein Weg gerade auf dem Aequator oder einem Meridian fortginge. Er opfert daher lieber den Vortheil des kürzesten Weges auf, und nimmt seinen Lauf so, daß er seine Richtung eine gewisse Zeit hindurch nicht zu ändern braucht. Alsdann durchschneidet das Schiff die verschiedenen Meridiane immer unter gleichen Winkeln und beschreibt eigentlich eine krumme Linie, welche den Namen der loxodromischen Linie führt. Es kam also darauf an, die Seekarten so einzurichten, daß der loxodromische Weg des Schiffes sich leicht und sicher auf denselben angeben ließe. Und dieser Zweck wird am besten dadurch erreicht, daß man die

Meridiane als gerade und parallele Linien darstellt, welche von den Parallelkreisen — die sich ebenfalls als gerade Linien projiciren — unter rechten Winkeln durchschnitten werden. Denn alsdann wird der Weg des Schiffes durch eine gerade Linie dargestellt.

Allein wenn sowohl die Meridiane als die Parallelkreise gerade und parallele Linien sind, so müssen die Theile der letztern, die zwischen ein paar Linien der erstern fallen, durchgehends einander gleich seyn. Gleichwohl werden die Parallelkreise auf der Kugel je weiter vom Aequator desto kleiner, folglich auch die Theile derselben, die zwischen zwei Meridiane fallen. Um also das richtige Verhältniß zwischen den Graden der Meridiane und der Parallelkreise in den verschiedenen Breiten wieder herzustellen, vergrößert man die Theile der Meridiane, die z. B. einen Grad vorstellen, in eben dem Verhältniß, in welchem die der Parallelkreise abnehmen sollten. Dadurch werden die Grade der Meridiane immer größer, je weiter man sich vom Aequator entfernt, ob sie gleich auf der Kugel selbst durchgehends gleich groß sind, und auf dem Sphäroid bei weitem in einem kleinern Verhältniß wachsen. Man nennt daher solche Karten Karten mit wachsenden Breiten, auch Mercators-Karten, weil Gerhard

Mercator, ein niederländischer Geograph, 1550 zuerst eine solche Karte herausgegeben hat.

Die Größe eines Meridians vom Aequator bis zu jeder beliebigen Breite wird eigentlich durch Hülfe der Analysis des Unendlichen gefunden; man hat aber auch Tabellen, wornach sie sich für jeden angenommenen Halbmesser leicht bestimmen läßt. Dergleichen enthält unter andern auch das oben angeführte Werk von Henry.

Zur Verzeichnung eines Landes würde diese Entwerfungsart nicht taugen, weil sie die Gestalt desselben, besonders nach den Polen hin, sehr entstellen würde, und der Vortheil, den sie dem Schiffer gewährt, hier keine Anwendung fände.

Zehnter Abschnitt.

Auflösung einiger mathematisch-geographischer Aufgaben, vornehmlich vermittelst der künstlichen Erdkugel.

216. Es giebt eine Menge mathematisch-geographischer Aufgaben, die sich durch Hülfe einer künstlichen Erdkugel sehr bequem auflösen lassen. Zwar ist die Auflösung, die man auf diesem Wege erhält, nicht so scharf, als sie durch Rechnung und mathematische Vermessungen gefunden werden kann, aber sie hat dafür den Vorzug der Leichtigkeit, und ist zu vieler Absicht genau genug. Nur wird erfordert, daß sowohl die Kugel, als das Gestell mit gehöriger Sorgfalt gearbeitet seien, und daß man bei dem Gebrauch derselben genau und richtig zu Werke gehe. Die Aufgaben lassen sich in solche eintheilen, die sich auf die Erdkugel allein beziehen; und in solche, bei denen die Lage des Himmels oder der Stand der Sonne oder anderer Himmelskörper in Betrachtung kommt.

217. Bei den Aufgaben, welche sich auf die Erdkugel allein beziehen, ist es gleichgültig, in welche Stellung die Kugel gesetzt wird. Man kann sie daher füglich so stellen, daß der Nordpol oben zu

stehen kommt, und der Aequator mit dem Horizont zusammenfällt. Diese Stellung wird hier vorausgesetzt.

1ste Aufgabe: Die Länge und Breite eines Ortes zu bestimmen.

Auflösung: Man führe den Ort unter den Mittagsring, so schneidet dieser auf dem Aequator die Längengrade ab, und der Punkt desselben, unter welchem der Ort steht, bezeichnet seine Breite.

Hierbei ist zu bemerken, daß die Zahlen der Grade auf dem Mittagsringe nicht bis zu 360 fortgehen, sondern auf jedem Quadranten von vorne anfangen. Man muß daher bei dieser Aufgabe den Ort unter denjenigen Theil des Mittagsringes bringen, wo die Grade vom Aequator nach dem Pole zu gezählt sind.

Die Länge wird von demjenigen Meridian an gerechnet, der auf dem Globus als der erste angenommen ist.

2te Aufg. Den Ort zu finden, welchem eine gegebene Länge und Breite zugehört.

Auflös. Man schneide durch den Mittagsring die gegebene Länge auf dem Aequator ab, und steige von diesem an dem Mittagsringe bis zur gegebenen Breite hin, so trifft man auf den gesuchten Ort.

Es wird dabei vorausgesetzt, daß die gegebene Länge sich auf denselben ersten Meridian beziehe, der auf dem Globus dafür angenommen ist. Außerdem muß man auf den Längenunterschied der beiden ersten Meridiane gehörig Rücksicht nehmen.

3te Aufgabe: Den Längenunterschied zweier Oerter zu finden.

Auflös. Man führe beide Oerter nach einander unter den Mittagsring und bemerke die Punkte des Aequators, die jedesmal durch denselben abgeschnitten werden; alsdann giebt der zwischen beiden Punkten liegende Bogen den gesuchten Unterschied.

Hierbei ist es einerlei, welcher Meridian zum ersten angenommen ist.

Aus dem Längenunterschiede zweier Oerter läßt sich ihr Zeitunterschied durch eine leichte Rechnung finden (Vergl. oben §. 140. desgl. 153 ff.); doch kann er auch durch Hülfe des Stundenringes gefunden werden, wenn man den Zeiger desselben auf 12 Uhr stellt, während der eine Ort unter dem Mittagsringe steht, und dann die Kugel so weit herum dreht, daß der andere Ort unter denselben zu stehen kommt; der Zeiger zeigt dann an, welche Zeit es an dem letztern Orte ist, wenn es an dem erstern 12 ist.

Stellt man den Zeiger anstatt auf 12, auf irgend eine andere Stunde, und verfährt übrigens nach der beschriebenen Art, so ergiebt sich die Zeit an dem andern Ort für diese Stunde.

Bei den meisten künstlichen Erdkugeln sitzt der Stundenring auf dem Mittagsringe, und dann ist die Achse mit einem Zeiger versehen, der sich mit ihr zugleich herumdreht, aber auch besonders herumgedreht werden kann. Diese Einrichtung ist hier vorausgesetzt. Es giebt aber auch künstliche Erdkugeln, bei welchen der Stundenring unter dem Mittagsring dicht auf der Kugel angebracht ist; dann fällt der Zeiger weg, und der Stundenring selbst dreht sich mit der Achse herum, und kann an ihr herumgedreht werden. In diesem Fall muß man, anstatt den Zeiger auf eine gewisse Stunde zu stellen, die Stunde selbst unter den Mittagsring bringen.

4te Aufg. Diejenigen Oerter zu finden, welche mit einem gegebenen zu gleicher Zeit Mittag haben.

Auflös. Man bringe den gegebenen Ort unter den Mittagsring, so haben alle diejenigen Oerter zu gleicher Zeit Mittag, welche alsdann unter der nämlichen Hälfte des Mittagsringes liegen.

Die Oerter unter der entgegengesetzten Hälfte des Mittagsringes haben zu derselben Zeit Mitternacht.

5te Aufg. Zu finden, welche Oerter zu einer für einen andern Ort bestimmten Stunde Mittag haben.

Auflös. Man führe den letztern Ort unter den Mittagsring, und stelle den Zeiger des Stundenringes auf die bestimmte Stunde; alsdann drehe man die Kugel so weit herum, bis der Zeiger auf 12 zeigt, so haben die unter dem Mittagsringe liegenden Oerter Mittag.

Auf dem Stundenringe sind zweimal 12 Stunden verzeichnet; nimmt man die 12, die nach dem Südpunkt des Horizontes zu liegt, für Mittag, und die entgegengesetzte für Mitternacht, so bestimmen sich darnach die übrigen Stunden; und es versteht sich, daß man den Ort unter diejenige Hälfte des Mittagsringes stellen muß, auf welcher die Mittagsstunde liegt; so wie auch nur diese Hälfte die Oerter bezeichnet, welche Mittag haben.

6te Aufg. **Die Gegenfüßler, die Nebenwohner, und die Gegenwohner eines Ortes zu finden.**

Auflös. Man stelle den Ort unter den Mittagsring; dann liegen unter der nach dem Durchmesser entgegengesetzten Stelle des Mittagsringes die Gegenfüßler; in der andern Hälfte desselben, aber auf der nämlichen Seite des Horizontes und in gleichem Abstand von demselben die Nebenwohner; und unter der nämlichen Hälfte des Mittagsringes, unter welcher der gegebene Ort liegt, aber auf der entgegengesetzten Seite des Horizontes und in gleichem Abstand von demselben, die Gegenwohner.

Man kann die beiden letztern auch dadurch finden,

daß man die Kugel zur Hälfte herumdreht; dann kommen an die Stelle des gegebenen Ortes die Nebenwohner, und an die Stelle der Gegenfüßler die Gegenwohner.

Da die Grade auf dem Mittagsringe in der einen Hälfte vom Aequator nach den Polen, und in der andern von den Polen nach dem Aequator zu gezählt sind, so darf man die Gegenfüßler und Nebenwohner nicht bei derselben Zahl des Mittagsringes suchen, unter welcher der gegebene Ort steht, wofern es nicht gerade die Zahl 45° ist.

7te Aufg. Die Entfernung zweier Oerter von einander zu finden.

I. Auflösung vermittelst des Globus.

Man bringe einen derselben unter den Mittagsring, befestige an dem darüber liegenden Punkte desselben den Höhenquadranten, und richte diesen nach dem andern Ort, indem man ihn dicht an die Kugel andrückt, so giebt der Bogen desselben, der zwischen beide Oerter fällt, ihre Entfernung in Graden; und multiplizirt man die Zahl der Grade mit 15, so erhält man auch die Entfernung in geographischen Meilen.

Wäre der Abstand beider Oerter größer als 90 Grad, so suche man die Gegenfüßler des einen

Ortes, messe die Entfernung dieser von dem andern Orte, und ziehe die gefundenen Grade von 180 ab, dann giebt der Unterschied die gesuchte Entfernung.

II. Auflösung durch Rechnung.

Betrachtet man die Erde als eine Kugel, so wird der Abstand zweier Oerter auf derselben durch den Bogen eines größten Kreises zwischen denselben gemessen; denn dieser kommt der geraden Linie zwischen beiden, als der absolut kleinsten Entfernung, am nächsten. Um diesen Bogen zu finden, muß man ein sphärisches Dreieck zwischen dem zunächst liegenden Pol und den beiden Oertern construiren. Es stelle also ASQP (Tab. VI. Fig. 76.) die Erdkugel, P und S die Pole, ABCQ den Aequator, und M und N die Punkte vor, deren Entfernung gesucht wird, so ziehe man die Meridianbogen PMB und PNC, von welchen BM die geographische Breite des Ortes M, CN die des Ortes N bezeichnet, und MN sei der gesuchte Bogen eines größten Kreises. Alsdann ist in dem sphärischen Dreieck PMN die Seite $PM = 90^\circ - BM$, die Seite $PN = 90^\circ - CN$, und der Winkel MPN, dessen Maaß der Bogen BC ist, ist dem Längenunterschiede beider Oerter gleich. Bezeichnet man also die geographische Breite von M durch a, die von N durch b, und ihren Längenunterschied durch d, so findet sich ihre Entfernung MN durch den Ausdruck

$$\text{Cos } MN = \text{Sin } (90 - a) . \text{ Sin } (90 - b) . \cos d + \text{Cos } (90 - a) . \text{ Cos } (90 - b)$$
$$= \cos a . \cos b . \cos d + \sin a . \sin b$$

(s. mein Lehrb. der Math. S. 532.)

Läge N in der andern Halbkugel, z. B. in n, so könnte man seine Breite der vorigen als entgegengesetzt betrachten; die Entfernung würde dann durch den Bogen Mn bestimmt, und es wäre

$$\text{Cos } Mn = \cos a . \cos b . \cos d - \sin a . \sin b$$

Wenn beide Oerter im Aequator liegen, so ist ihre Entfernung ihrem Längenunterschiede gleich; und liegen beide unter demselben Meridian, so ist sie der Differenz oder Summe ihrer Breiten gleich, je nachdem sie auf derselben Seite des Aequators, oder auf entgegengesetzten Seiten desselben liegen. Dieß ergiebt sich auch aus den vorstehenden Formeln, wenn man, im erstern Fall, a und b = Null, und im letztern d = Null setzt.

Beträgt der Längenunterschied mehr als 180 Grade, so setze man dafür 360 — d.

218. Bei der andern Art von Aufgaben, bei welcher die Lage der Erdkugel gegen den Horizont eines Ortes, oder der Lauf der Sonne oder eines andern Himmelskörpers in Betrachtung kommt, ist

die Stellung des Globus nicht mehr gleichgültig, sondern wird durch die Beschaffenheit der Aufgabe selbst bestimmt.

1ste Aufg. Den Globus nach der Polhöhe eines Ortes zu stellen.

Auflös. Ist die Polhöhe nördlich, so stelle man die Kugel so, daß der Nordpol gegen die Seite des künstlichen Horizontes, auf welcher Norden steht, gerichtet ist, und so weit von ihm absteht, als die Polhöhe des Ortes beträgt.

Bei dieser Stellung schneidet die Ebene des künstlichen Horizontes den Globus auf ähnliche Weise, wie die Ebene des wahren Horizonts des Ortes die Erdkugel.

Wird der Ort alsdann unter den Mittagsring gebracht, so steht er im Zenith des Horizontes oder im höchsten Punkt der Halbkugel über dem Horizont.

2te Aufg. Die Gegend des Horizontes zu bestimmen, nach welcher ein Ort B, von einem andern A gerechnet, liegt.

Auflös. Man stelle den Globus nach der Polhöhe des Ortes A, führe A unter den Mittagsring, befestige daselbst den Höhenquadrant, und lasse ihn durch B nach dem Horizont gehen, so schneidet er hier die gesuchte Weltgegend ab.

3te Aufg. Die Länge des Tages oder der Nacht für irgend einen Ort und irgend eine Zeit zu finden.

Auflös. Man stelle den Globus nach der Polhöhe des Ortes, suche darauf in dem immerwährenden Kalender auf dem breiten Rande des künstlichen Horizontes den Stand der Sonne für den gegebenen Tag, bemerke dann den gefundenen Ort der Sonne auf der Kugel in der daselbst verzeichneten Ecliptik, führe diesen Punkt der Ecliptik unter den Mittagsring, stelle den Zeiger des Stundenringes auf die Mittagsstunde, und drehe die Kugel, bis derselbe Punkt der Ecliptik erst in den östlichen, dann in den westlichen Horizont tritt, so zeigt der Zeiger die Zeit des Sonnen-Auf- und Untergangs, woraus sich dann die Länge des Tages und der Nacht ergiebt.

Bei den Erdkugeln ohne Zeiger schneidet der Mittagsring die Zeit des Sonnen-Auf- und Unterganges ab.

Dieselbe Aufgabe durch Rechnung aufzulösen, ist schon oben (§. 128 ff.) gelehrt worden.

4te Aufg. Die Höhe der Sonne an einem Orte zu Mittag für irgend einen Tag zu finden.

Man verfahre ganz wie bei der vorhergehenden Aufgabe, und wenn man den Punkt der Ecliptik, in welchem die Sonne an dem gegebenen Tage steht, unter den Mittagsring gebracht hat, so giebt der Bogen desselben zwischen dem Horizont und dem gedachten Punkt die gesuchte Höhe.

Der Theil dieses Bogens, welcher von der Ecliptik bis zum Aequator geht, giebt die Abweichung der Sonne für diesen Tag.

5te Aufg. Die Höhe der Sonne an einem Orte zu einer bestimmten Stunde außer dem Mittag für einen gegebenen Tag zu finden.

Man verfahre wieder wie bei der vorhergehenden Aufgabe, stelle aber den Stundenzeiger auf die obere 12, während der Sonnenort unter dem Mittagsringe steht; alsdann drehe man die Kugel, bis der Zeiger auf die bestimmte Stunde kommt, befestige darauf den Höhenquadranten im Zenith, und lasse ihn durch den Sonnenort nach dem Horizont gehen, so giebt der Bogen desselben zwischen diesem Punkt und dem Horizont die Höhe der Sonne.

Umgekehrt läßt sich aus der Höhe der Sonne für einen gewissen Ort und einen gewissen Tag die Zeit finden.

Wenn man diese Aufgaben durch Rechnung auflösen will, so muß man zur Bezeichnung des Ortes, die Polhöhe desselben, und zur Bezeichnung des Tages, die Abweichung der Sonne an demselben, als bekannt oder als gegeben ansehen; aus der gegebenen Tageszeit aber kann man den Stundenwinkel finden, indem man, bei einer Vormittagsstunde, die noch übrige Zeit bis zum Mittag; und bei einer Nachmittagsstunde, die Zeit vom Mittage bis zu der Stunde in Bogen verwandelt (s. oben §. 74. Anmerk.). Setzt man die Polhöhe = P, die Abweichung = D, den Stundenwinkel = Z, und die Höhe = H, so ist

$$\text{Sin}\, H = \cos P.\ \cos D.\ \cos Z \pm \sin P.\ \sin D$$

wo das obere Zeichen (+) gilt, wenn Polhöhe und Abweichung zugleich nördlich, oder südlich sind; hingegen das untere Zeichen (—), wenn sie entgegengesetzt sind.

Wird H als gegeben betrachtet, und Z gesucht, so ist

$$\cos Z = \frac{\text{Sin}\, H \mp \sin P.\ \sin D}{\cos P.\ \cos D}$$

Man vergl. das sphärische Dreieck PZS (Tab. II. Fig. 21.) und die dasselbe erläuternde Anmerkung zum 78sten Paragraph.

6te Aufg. Die Morgenweite oder Abendweite der Sonne für einen bestimmten Ort und einen bestimmten Tag zu finden.

I. Auflösung vermittelst des Globus.

Auch hier muß der Globus nach der Polhöhe des Ortes gestellt, und der Sonnenort für den gegebenen Tag zuerst in dem immerwährenden Kalender, und dann in der Ecliptik auf der Kugel aufgesucht werden. Darauf wird der Globus so gedreht, daß der Sonnenort gerade in den Horizont — entweder auf der östlichen, oder auf der westlichen Seite — fällt; und derjenige Bogen des Horizontes, der alsdann zwischen dem mit Ost oder West bezeichneten Punkt und dem Sonnenort liegt, macht die Morgen- oder Abendweite aus.

II. Auflösung durch Rechnung.

Man vergleiche Fig. 19. Tab. II. und die Bedeutung derselben §. 72. Das Gestirn, welches sich in dem Parallelkreise m n bewegen soll, sei die Sonne; alsdann stellt g r die Abweichung, C r die Morgen- oder Abendweite derselben vor, und der Winkel r C g ist dem Ergänzungswinkel der Polhöhe gleich. Bezeichnet man daher die Abweichung durch D, die Polhöhe durch P, und die Morgen- oder Abendweite durch x, so ist in dem sphärischen Dreieck C g r

$$\text{Sin}\, x = \frac{\text{Sin}\, D}{\text{Cos}\, P}$$

Fällt die Abweichung der Sonne auf die andere Seite des Aequators, so kann man Sin D negativ setzen; dann wird auch Sin x negativ; die Größe von x aber ändert sich dadurch nicht. — Man unterscheidet nördliche und südliche Morgen- und Abendweite.

Die Formel lehrt, daß x eben sowohl wächst, wenn D, als wenn P zunimmt, d. h. die Morgenweite nimmt an demselben Orte der Erde mit der Abweichung der Sonne zu und ab; und bei einer bestimmten Abweichung ist sie desto größer, je größer die Polhöhe.

7te Aufg. Die Dauer der Dämmerung für irgend einen Ort und einen bestimmten Tag zu finden.

I. Auflösung vermittelst des Globus.

Da die astronomische Abenddämmerung so lange dauert, bis die Sonne eine Tiefe von 18°, und die bürgerliche nur so lange, bis sie eine Tiefe von 6° unter dem Horizont erreicht hat, so kommt es hier darauf an, die Zeit zu finden, welche die Sonne braucht, um aus dem Horizont bis zu der gedachten Tiefe zu gelangen.

Man stelle also den Globus wieder für den gegebenen Ort, bestimme den Sonnenort in der Ecliptik und die Zeit des Sonnenuntergangs (3te Aufgabe), drehe darauf die Kugel so, daß der Sonnenort unter den Horizont kommt, und suche mittelst des Höhenquadranten zu bestimmen, wenn er die Tiefe von 6 oder 18 Graden erreicht; alsdann giebt der Stundenzeiger die Zeit an, wenn die bürgerliche oder astronomische Dämmerung ihr Ende erreicht.

Der Höhenquadrant läßt sich zwar nicht an dem untersten Theil des Mittagsringes befestigen, wie es hierzu eigentlich nöthig wäre, weil der Fuß, auf welchem die Kugel ruht, im Wege steht; indessen lehrt eine kleine Uebung leicht, wie er hier gleichwohl gebraucht werden könne, indem man den Kopf mit der Schraube auf den Horizont legt, und das andere Ende des Quadranten an den untern Pol andrückt.

Die Morgendämmerung dauert so lange als die Abenddämmerung an demselben Tage; auch kann man leicht ein ähnliches Verfahren anwenden, um die Dauer derselben besonders zu finden.

Die Dauer der Dämmerung unter dem Nordpol läßt sich noch besonders dadurch finden, daß man auf der südlichen Hälfte der Ecliptik die beiden Punkte aufsucht, deren Abweichung vom Aequator 18° beträgt — welches man am Mittagsringe beobachten kann, während man die Kugel herumdreht — und dann auf dem immerwährenden Kalender nachsieht, zu welcher Zeit die Sonne an den gefundenen Orten steht. — Auf ähnliche Art findet man die Dauer der Dämmerung für den Südpol.

II. Auflösung durch Rechnung.

Es stelle Fig. 77. Tab. VI. die Himmelskugel vor, HR den wahren Horizont des Ortes, für welchen die Dämmerung gesucht wird, PR die Polhöhe desselben, mn den Parallelkreis, *welchen* die Sonne an diesem Tage durchläuft, hr den Dämmerungskreis, dessen Abstand vom Horizont man 6 oder 18 Grade setzen mag: so wird der Bogen st den Weg der Sonne während der Dämmerung bezeichnen, und folglich, in Zeit verwandelt, die Dauer der Dämmerung bestimmen. Der Bogen st aber ist dem Bogen qd ähnlich, welcher das Maaß des Winkels x ist. Es kommt also darauf an, diesen Winkel zu bestimmen.

Hierzu betrachte man zuerst das sphärische Dreieck ZPt, in welchem ZP = 90° — Polhöhe (P); Pt = 90 — Abweichung der Sonne (D); Zt = 90 + Abstand des Dämmerungskreises vom Horizont (h); folglich ist

$$\text{Cos}\, ZPt = \frac{\text{Cos}\,(90 + h) - \cos\,(90 - P)\,.\,\cos\,(90 - D)}{\text{Sin}\,(90 - P)\,.\,\sin\,(90 - D)}$$

$$= \frac{-\,\text{Sin}\, h - \sin P \sin D}{\cos P.\ \cos D}$$

$$= \frac{-\,\text{Sin}\, h + \sin P \sin D}{\cos P.\ \cos D}$$

Ferner ist der Winkel ZPs dem halben Tagebogen der Sonne gleich; und dieser findet sich nach §. 72. durch den Ausdruck

$$\text{Cos}\, ZPs = -\ \text{tang}\, P.\ \text{tang}\, D$$

Da nun x = ZPt — ZPs ist, so erhält man die Größe dieses Winkels durch die gegebenen Ausdrücke.

1 Für $D = $ Null, d. i. wenn die Sonne im Aequator steht, oder, zur Zeit der Tag- und Nachtgleiche, wird $\cos ZPs = $ Null; und $\cos ZPt = -\frac{\operatorname{Sin} h}{\operatorname{Cos} P}$; und daher $\sin x = \frac{\sin h}{\cos P}$.

2. Ist die Abweichung der Sonne südlich, so werden $\sin D$ und $\tan D$ negativ, und daher

$$\operatorname{Cos} ZPt = \frac{\operatorname{Sin} P \sin D - \sin h}{\cos P . \cos D}$$

und $\operatorname{Cos} ZPs = \operatorname{tang} P . \operatorname{tang} D$.

8te Aufg. Den Theil der Erdkugel zu finden, der zu einer gewissen Zeit von der Sonne erleuchtet ist.

Auflös. Man führe den Ort, für welchen die Zeit bestimmt ist, unter den Meridian, und stelle den Stundenzeiger auf die bestimmte Stunde; alsdann suche man den Sonnenort für den gegebenen Tag, erst in dem immerwährenden Kalender und dann auf der Kugel in der Ecliptik auf, und stelle die ganze Kugel so, daß dieser Punkt der Ecliptik in das Zenith kommt; darauf drehe man die Kugel bis der Zeiger auf 12 Uhr Mittag zeigt, so ist die über dem Horizonte liegende Halbkugel der erleuchtete Theil der Erde.

9te Aufg. Den Ort zu finden, in dessen Zenith die Sonne zu einer für einen andern Ort bestimmten Stunde steht.

Auflös. Man verfahre ganz wie bei der vorhergehenden Aufgabe; der Ort, welcher im Zenith steht, wenn der Zeiger auf 12 zeigt, ist der gesuchte Ort.

10te Aufg. Die Oerter zu finden, welchen die Sonne an einem gewissen Tage zu einer für einen andern Ort bestimmten Stunde auf- oder untergeht.

Auflös. Man suche nach der vorhergehenden Aufgabe den Ort, in dessen Zenith die Sonne zu der bestimmten Stunde steht, so geht sie allen denjenigen Oertern auf, welche sich in dem westlichen Horizonte befinden, und denjenigen unter, welche im östlichen Horizonte liegen. Denn da das Zenith von allen Punkten des Horizonts 90° entfernt ist, so macht es hinwiederum einen Punkt in dem Horizonte aller derjenigen Oerter aus, die 90° von ihm abstehen.

11te Aufg. Zu finden, welchen Oertern die Sonne mit einem gewissen bestimmten Orte an einem bestimmten Tage zugleich auf- oder untergeht.

Auflös. Man bringe den Sonnenort in das Zenith (7te Aufg.) und drehe alsdann die Kugel so, daß der gegebene Ort in den westlichen oder in den östlichen Horizont zu stehen kommt, so geht die Sonne denjenigen Oertern zugleich auf, die mit ihm im westlichen Horizonte sich befinden, und denjenigen zugleich unter, die mit ihm im östlichen Horizonte stehen.

Der Erdglobus kann auch zur Auflösung mancher astronomischen Aufgaben gebraucht werden, wovon die nähere Auseinandersetzung nicht hieher gehört. Ist z. B. die Frage, in welchen Ländern eine Mondfinsterniß sichtbar sei, so kommt es darauf an, sowohl diejenigen Länder aufzufinden, welchen der Mond beim Anfang der Finsterniß, als diejenigen, welchen er am Ende derselben aufgeht — eine Aufgabe, die auf ähnliche Art wie die 9te aufgelößt wird. Den Ort des Mondes, so wie die Zeit des Anfangs und des Endes der Finsterniß, muß man aus astronomischen Ephemeriden nehmen; oder man bestimmt den erstern auch dadurch, daß man ihn dem Orte der Sonne als entgegengesetzt annimmt.

219. Ein wichtiger Gegenstand der mathematischen Geographie ist noch die Aufgabe den Flächeninhalt eines Landes zu bestimmen. Hierzu aber können künstliche Erdkugeln, ihrer verhältnißmäßig geringen Größe wegen, nicht füglich gebraucht werden, sondern es sind vielmehr sehr genaue Spezialkarten dazu nothwendig. Die Auflösung dieser Aufgabe hat auch, wenn sie mit einiger Genauigkeit ausgeführt werden soll, *ungleich*

mehr Schwierigkeit, als man auf den ersten Anblick glauben möchte, und erfordert eine umständlichere Erklärung, als die Grenzen dieses Lehrbuchs gestatten; daher hier nur einige Erläuterungen im Allgemeinen darüber statt finden können. Der Grund davon liegt in der unregelmäßigen Gestalt der meisten Länder; indem die Grenze derselben selten in geraden Linien, oder nach einer regelmäßigen Krümmung, sondern in den verschiedenartigsten Windungen herumläuft. Man kann daher nicht einmal bei allen Ländern einerlei Methode befolgen, sondern bei manchen lassen sich Hülfsmittel anwenden, die bei andern unpassend werden. Die größere oder geringere Ausdehnung eines Landes macht hierbei einen großen Unterschied. Bei einem kleinern Lande kann die Abplattung der Erde unberücksichtigt bleiben, welches bei einem größern, ohne Nachtheil der Genauigkeit, nicht geschehen darf. In den meisten Fällen ist man daher schon mit einer genäherten Bestimmung zufrieden; und diese sucht man dadurch zu erreichen, daß man die Fläche des Landes mit einer regelmäßigen Figur umzieht. Man denkt sich in dieser Absicht die Oberfläche der Erdkugel in lauter schmale Zonen von gleicher Breite, etwa von halben zu halben Graden, zertheilt. Der Inhalt einer solchen Zone (Z) läßt sich, wenn a und b die geographische Breite der Parallelkreise, welche sie begrenzen, und r den Halbmesser der Erdkugel bedeutet, durch die Formel ausdrücken

$$Z = 2\, r^2 \pi\, (\sin b - \sin a)$$
$$= 4\, r^2 \pi \cos \tfrac{1}{2}\, (b + a) \,.\, \sin \tfrac{1}{2}\, (b - a)$$

Man berechnet also den Inhalt der Zonen, innerhalb welcher das auszumessende Land fällt; alsdann bestimmt man die Ausdehnung desselben der Länge nach, und rechnet von dem Inhalt der ganzen Zonen, durch eine bloße Regel de tri, einen solchen Theil, als die Anzahl der Längengrade von 360 ausmacht.

Auf diese Art erhält man den Inhalt einer Fläche, die von zwei Bogen zweier Parallelkreise, und von zwei Meridianbogen eingeschlossen ist, innerhalb welcher das auszumessende Land liegt. Allein wenn die genannten Bogen nicht genau die Grenzen des Landes ausmachen, so kommt es darauf an, die fehlenden oder überschüssigen Stücke desselben auszumitteln, und von dem gefundenen Flächeninhalt abzuziehen, oder zu demselben hinzu zu addiren. Zu dem Ende macht man in jeder Zone wiederum kleinere Abtheilungen, etwa von halben zu halben, oder von ganzen zu ganzen Graden, wenigstens so weit, als es zur Bestimmung der Grenzen nöthig ist; berechnet den Werth eines jeden solcher Quadrate, und schätzt die Größe, welche das Land an seiner Grenze von einem jeden derselben ausfüllt.

Eine ausführliche Anleitung zur Verfertigung solcher Netze und der darauf zu gründenden Berechnungsart giebt Joh. Tob. Mayer im 4ten Theile seiner praktischen Geometrie, wo man zur Erleichterung der Rechnung auch eine Tabelle von dem Flächeninhalt der Kugelzonen von halben zu halben Graden, vom Aequator bis zum Pol findet, die aus Bode's astronom. Jahrb. für 1784 entlehnt ist. In eben diesem Jahrbuch für 1790 ist ein Aufsatz von Klügel, der die Berechnung solcher Zonen mit Rücksicht auf die Abplattung des Erdkörpers lehrt; und eine noch geschmeidigere Formel hierzu von Pasquich theilt Zach in einem sehr lehrreichen Aufsatz über die Berechnung des Flächen-Inhalts der Länder — im 1sten Bde. sr. Monatl. Correspondenz — mit, wo er zugleich die Schwierigkeiten dieser Berechnung darlegt, und ein sinnreiches Verfahren, die Größe der Grenzstücke eines Landes durch Abwägung von Papier-Ausschnitten auszumitteln, angiebt. Pasquich hat den mathematischen Beweis seiner Formel im IX. Bde. der Monatl. Corresp. S. 301 ff. gegeben.

Register.

Die Zahl bezeichnet den Paragraphen.

Fig. 1.

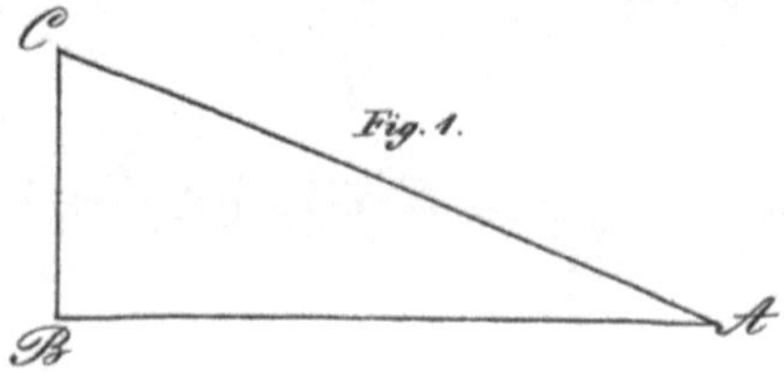

Fig. 2.

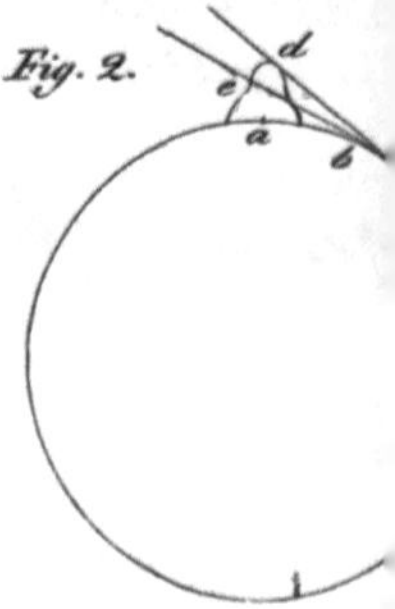

Fig. 4. a.

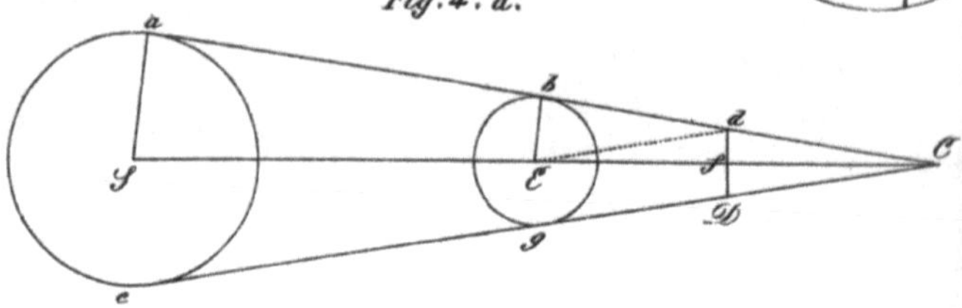

Fig. 5

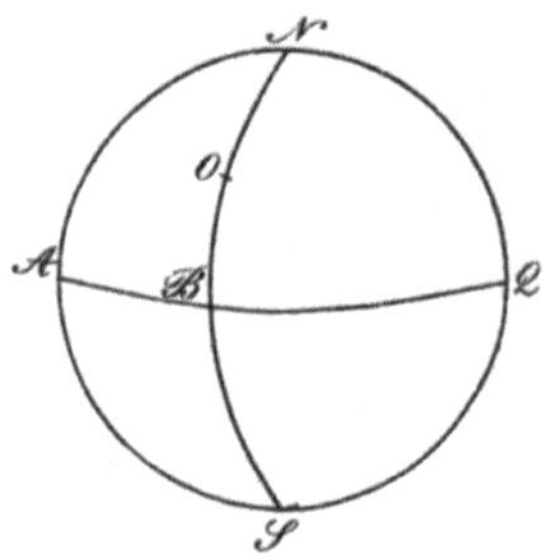

Fig. 8.

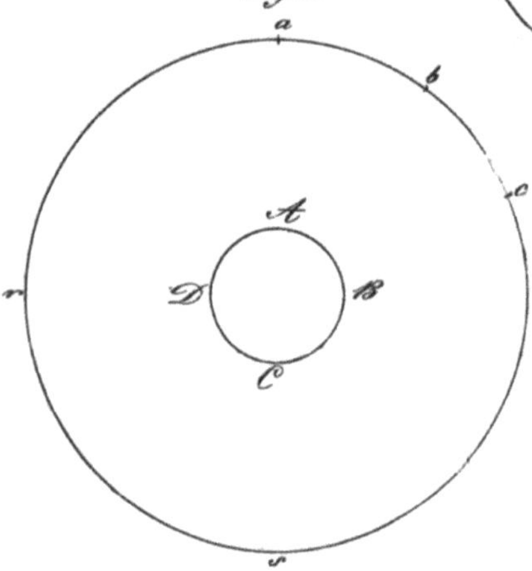

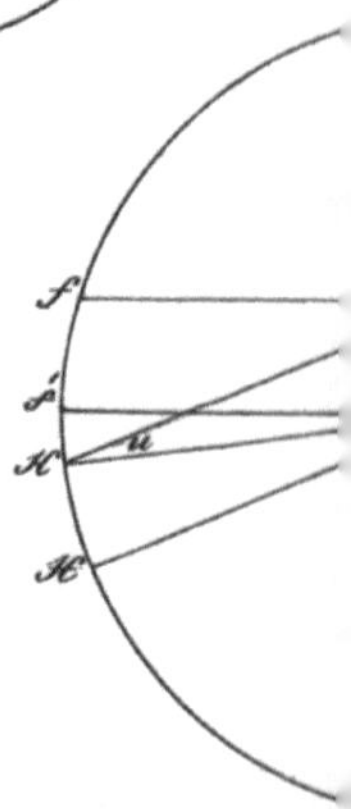

Fig. 3.

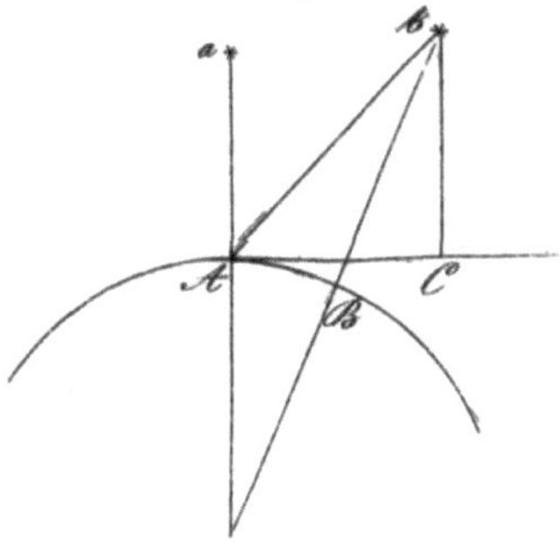

Fig. 4. b.

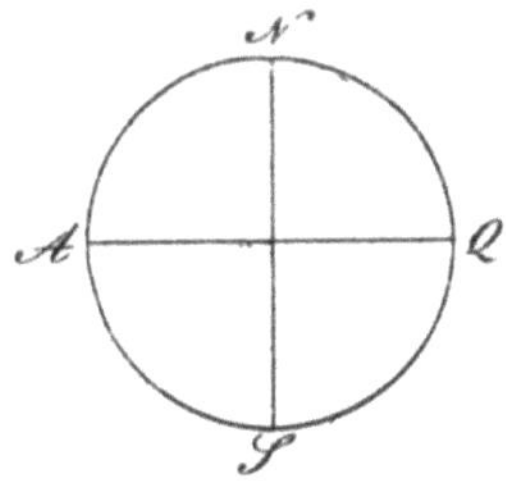

Fig. 6

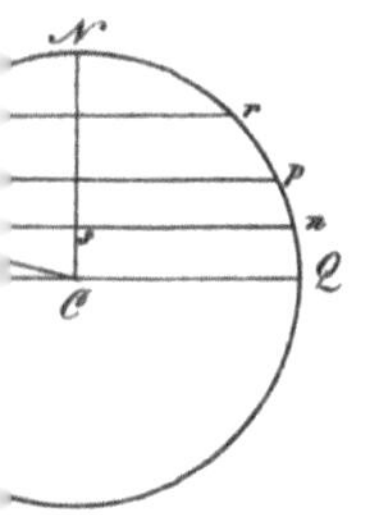

Fig. 7.

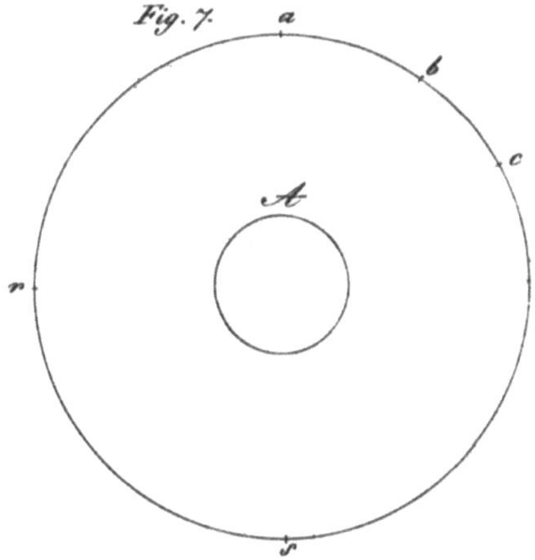

…1.

Fig. 9.

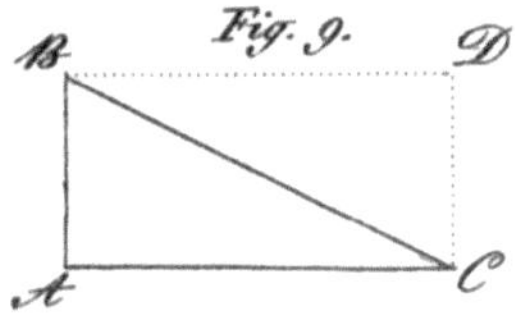

Fig. 10.

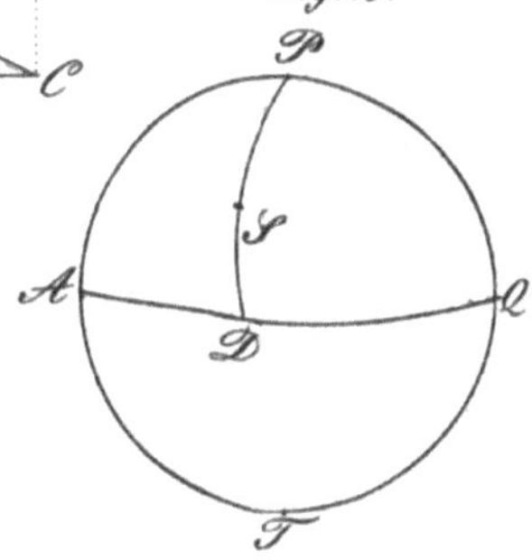

Fig. 12.

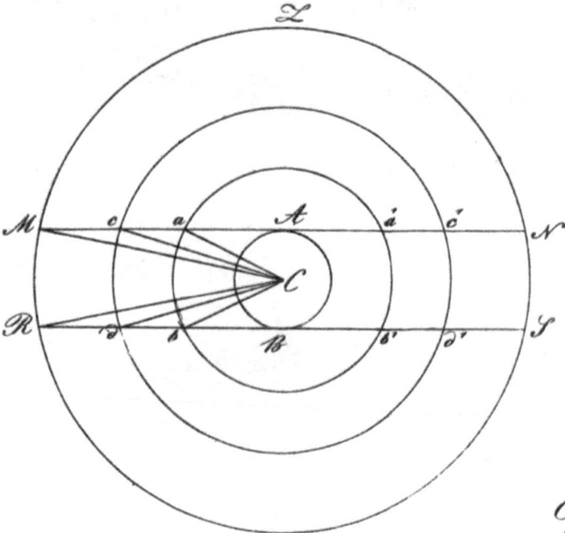

Fi

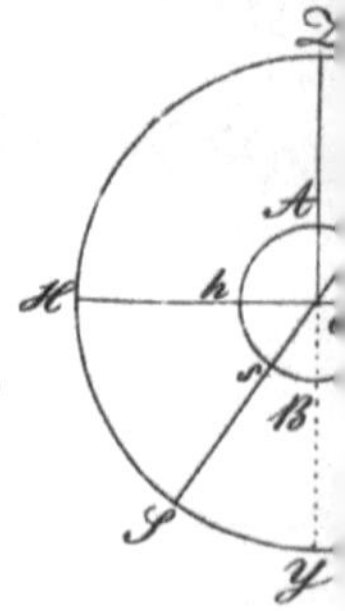

Fig. 18.

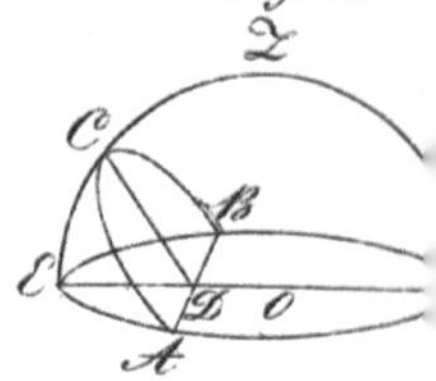

Fig. 16.

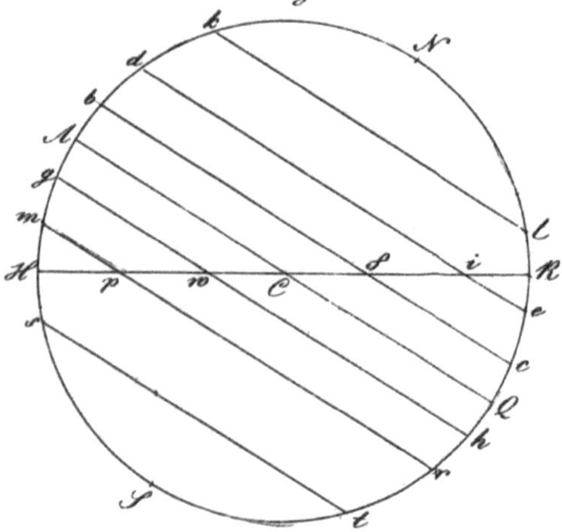

Fig.

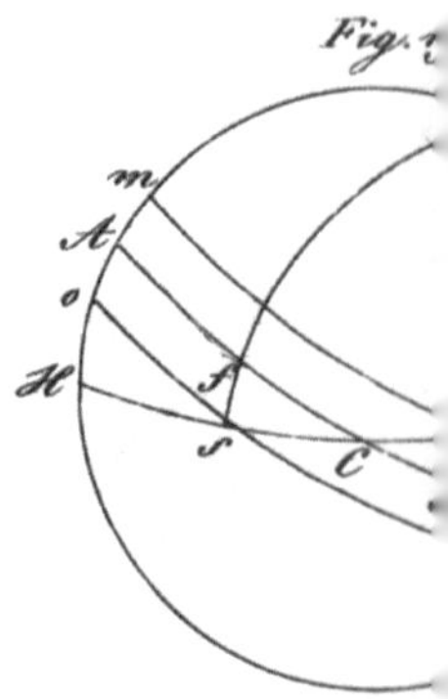

Fig. 14.

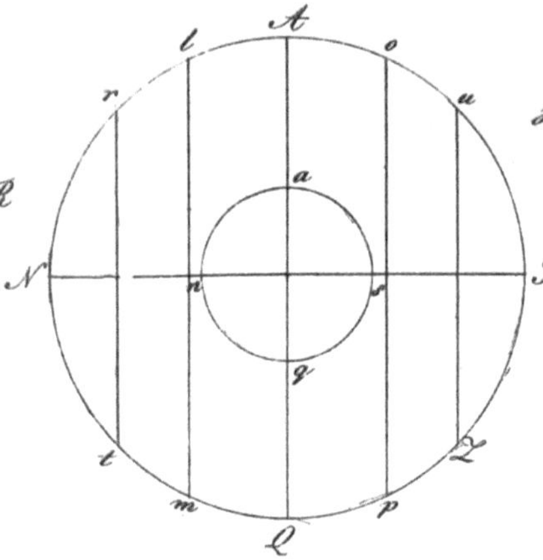

Fig. 15.

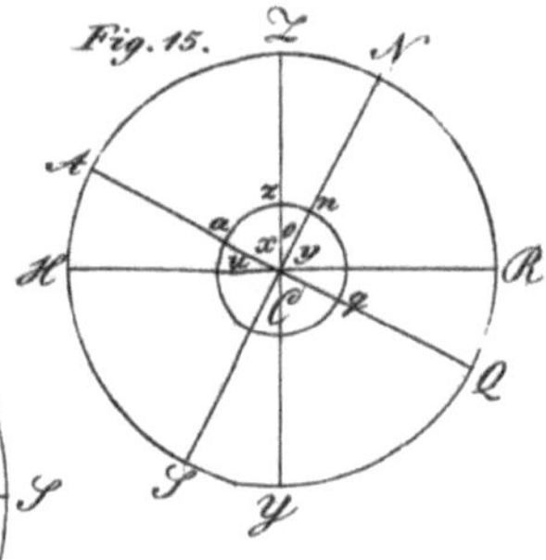

Fig. 17.

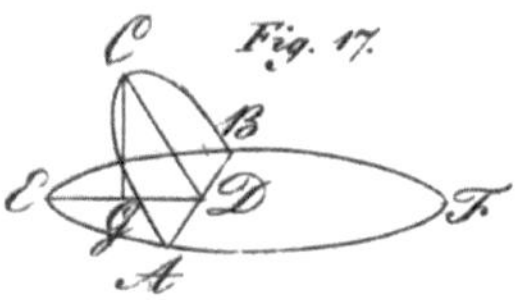

Fig. 20.

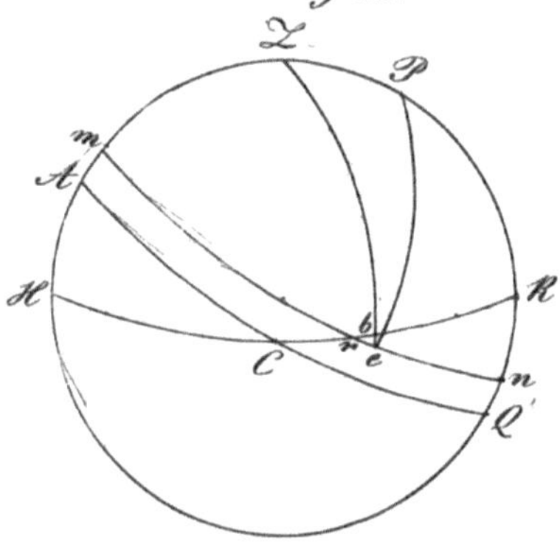

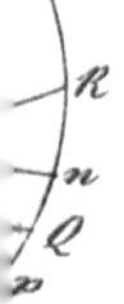

Fig. 21.

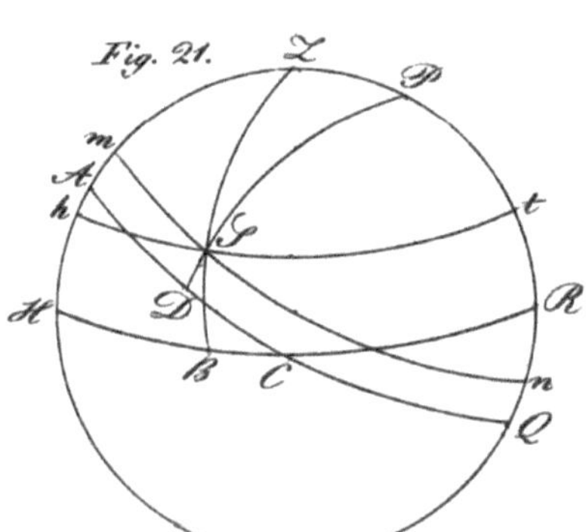

Fig. 22.

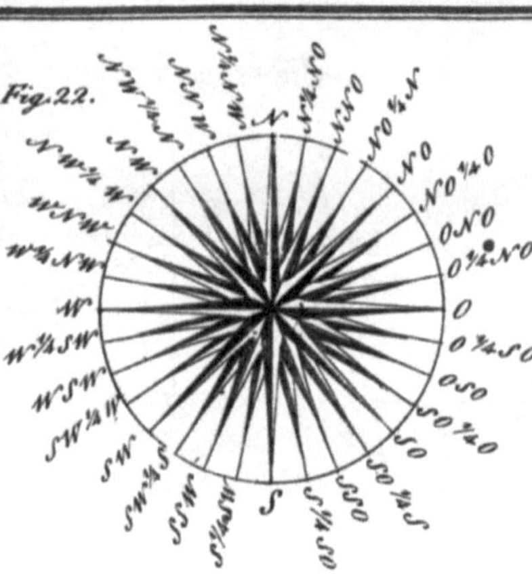

Fig. 23.

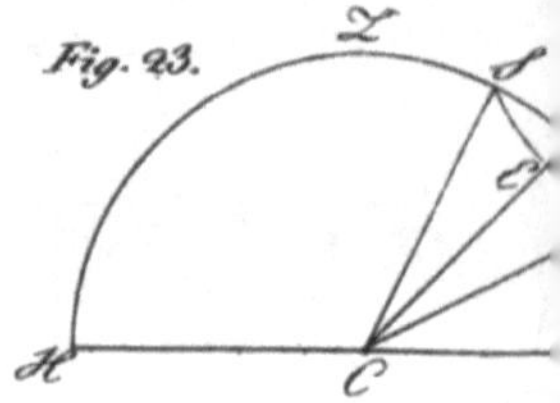

Fig. 28.

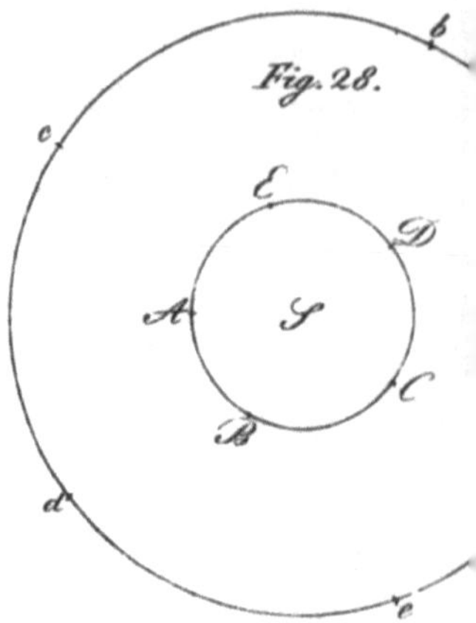

Fig. 26.

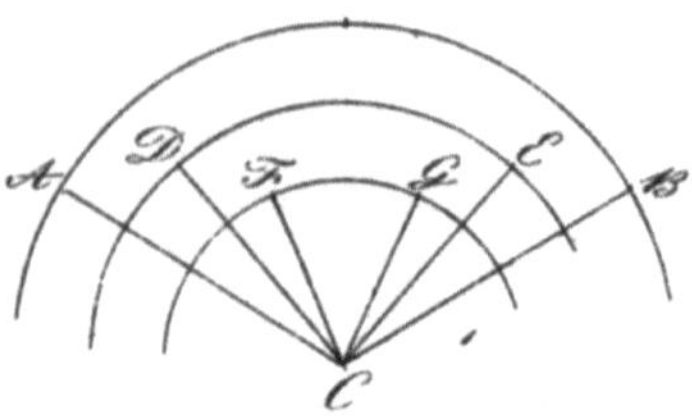

Fig. 27.

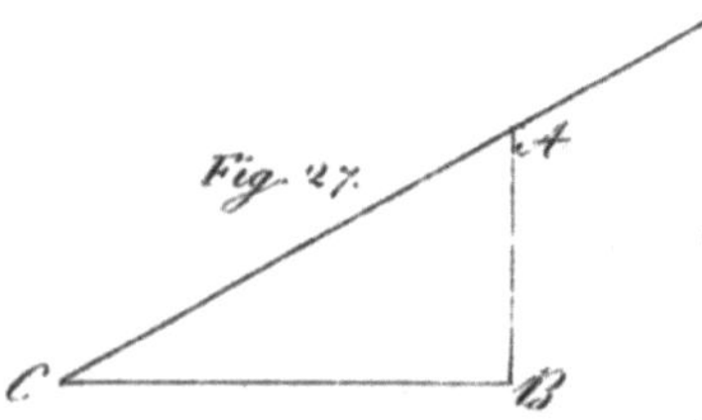

Fig. 29.

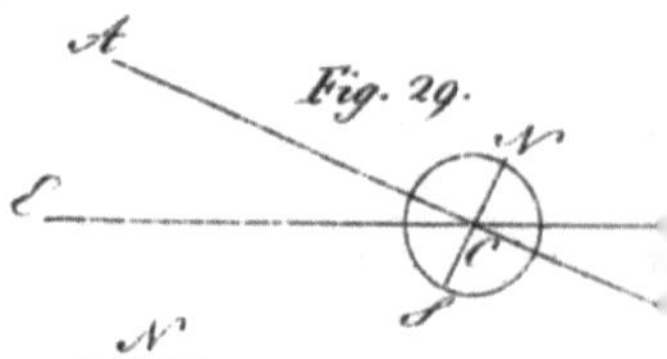

Fig. 32.

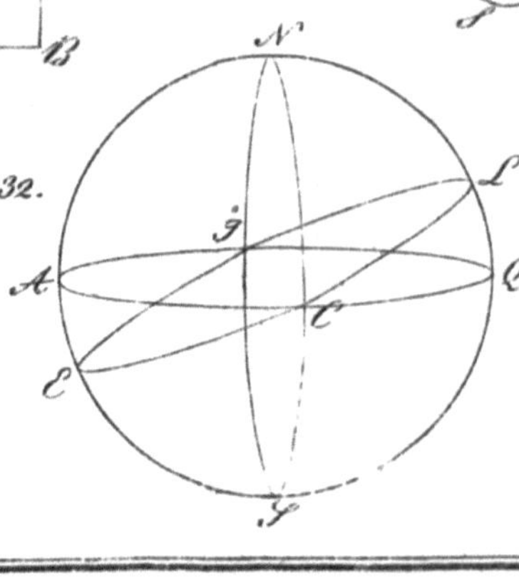

Fig. 24.

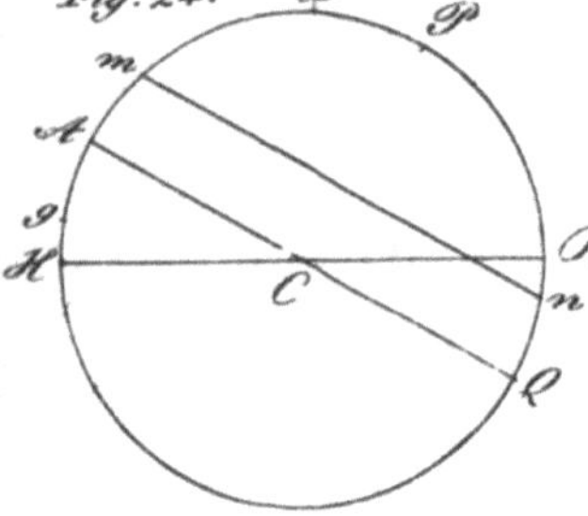

Fig. 25.

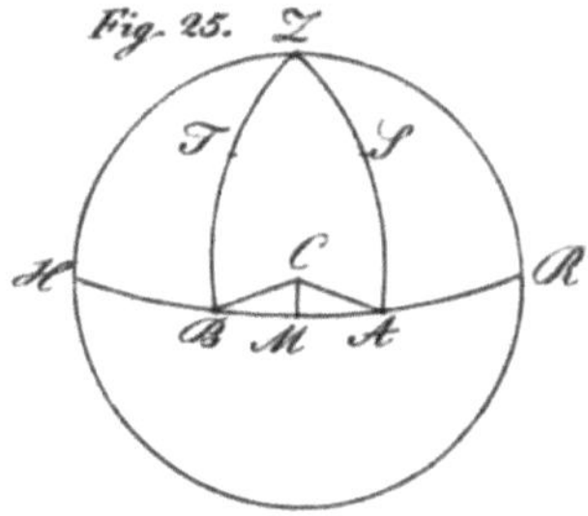

Fig. 30.

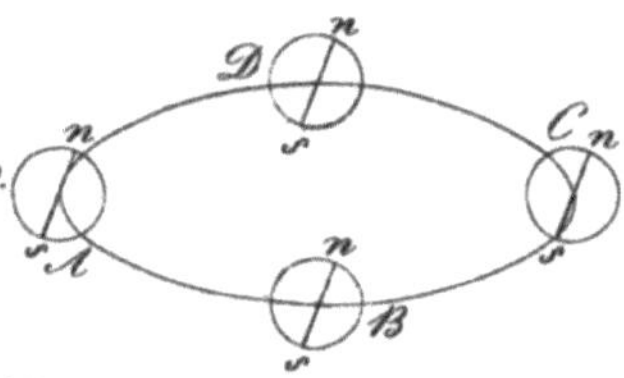

Fig. 34.

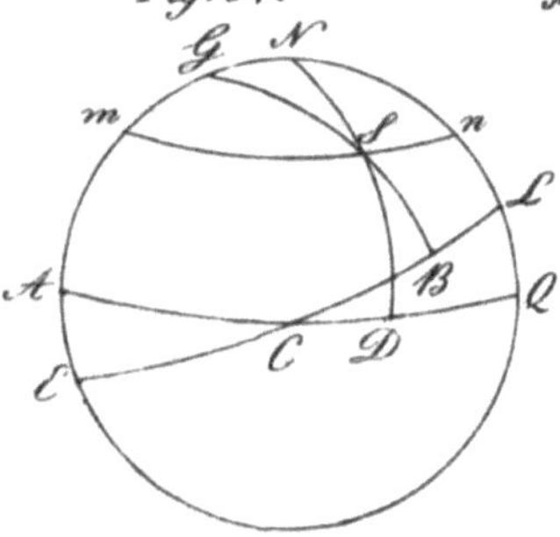

Fig. 31.

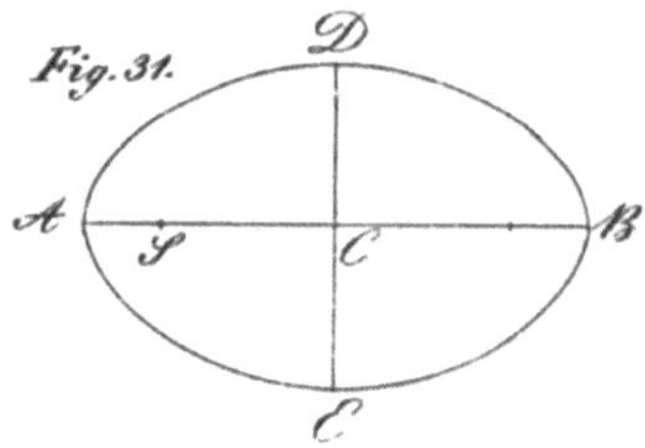

Fig. 35.

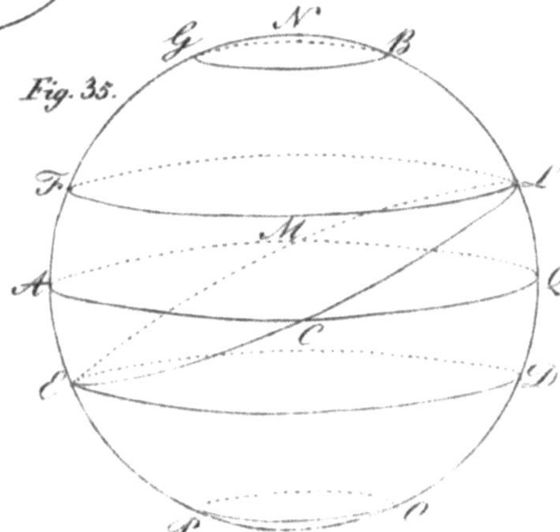

Fig. 33.

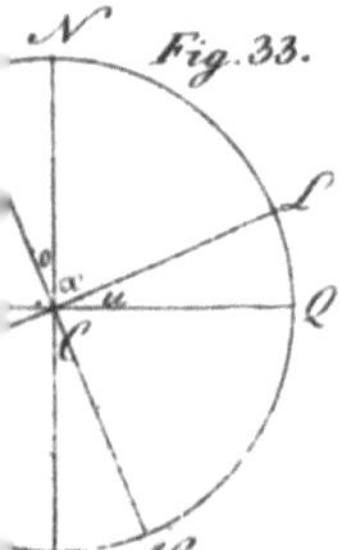

Fig. 36.

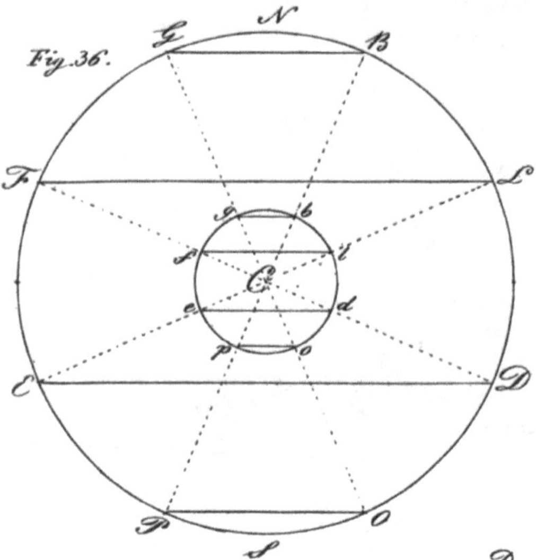

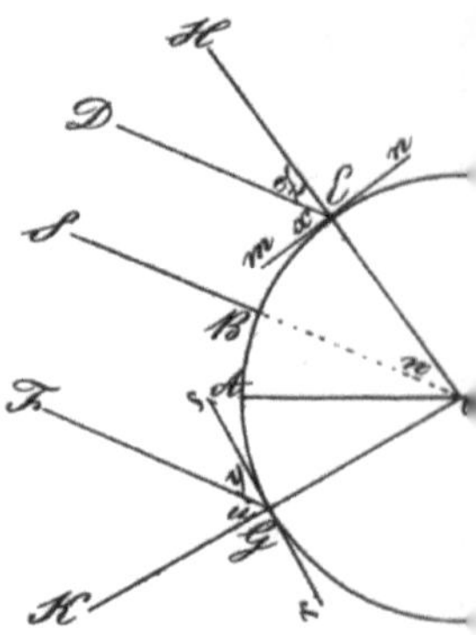

Fig. 41.

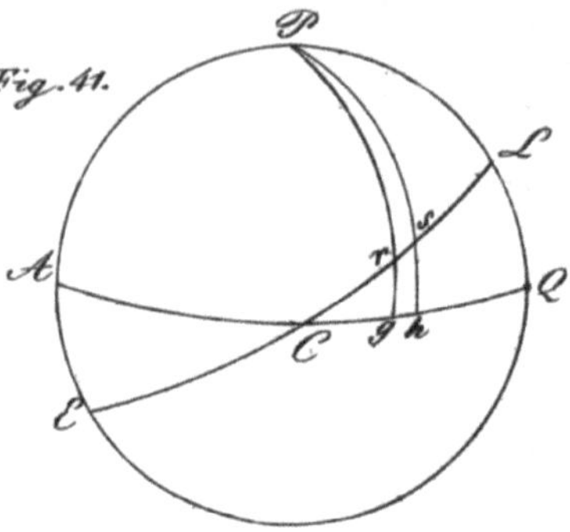

Fig. 42.

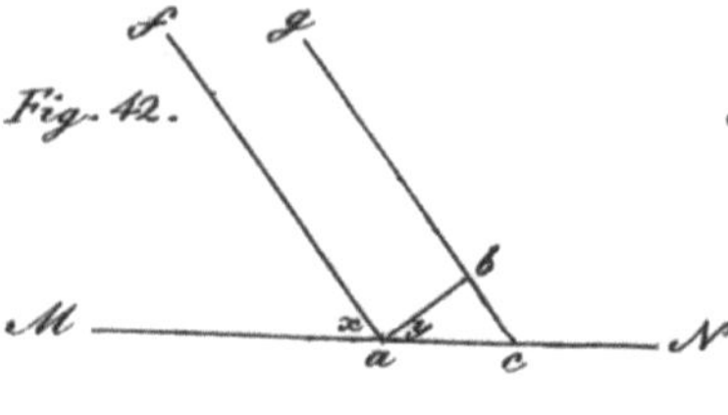

Fig. 44.

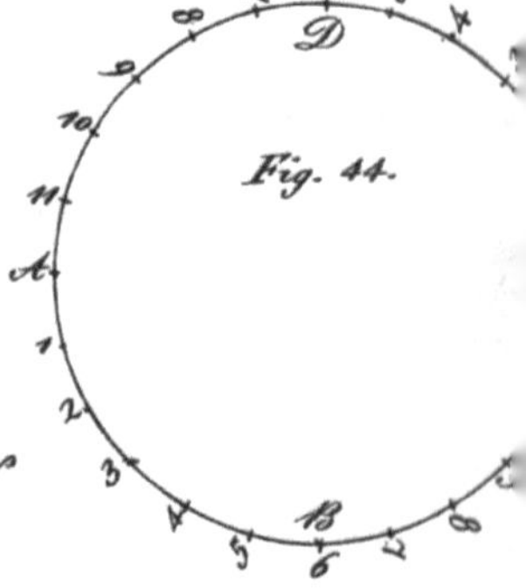

Fig. 37.

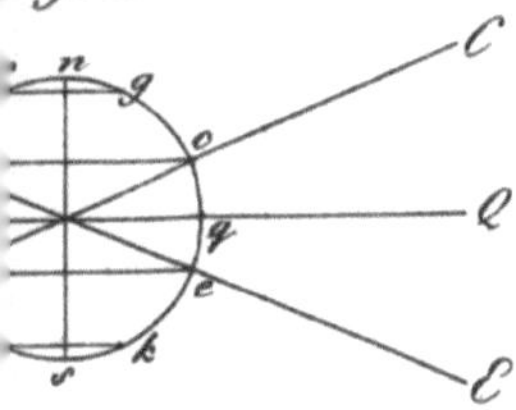

Fig. 39.

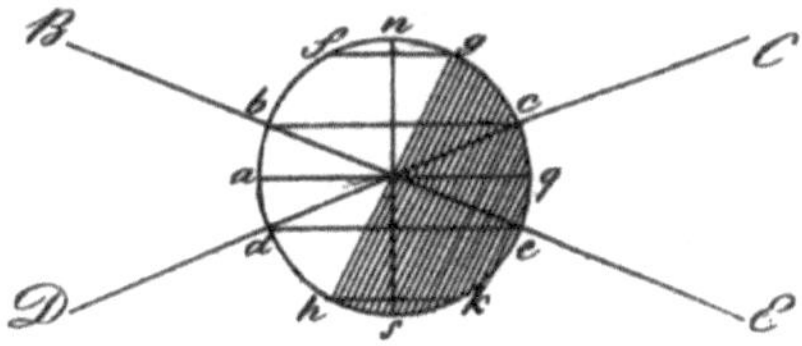

Fig. 38.

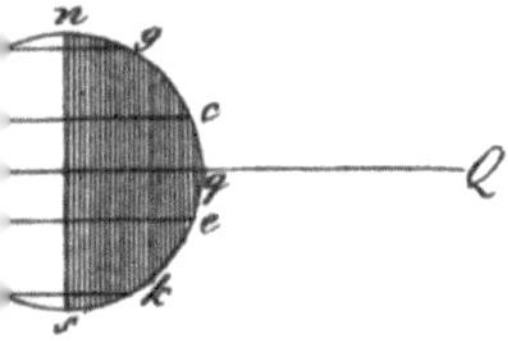

Fig. 40.

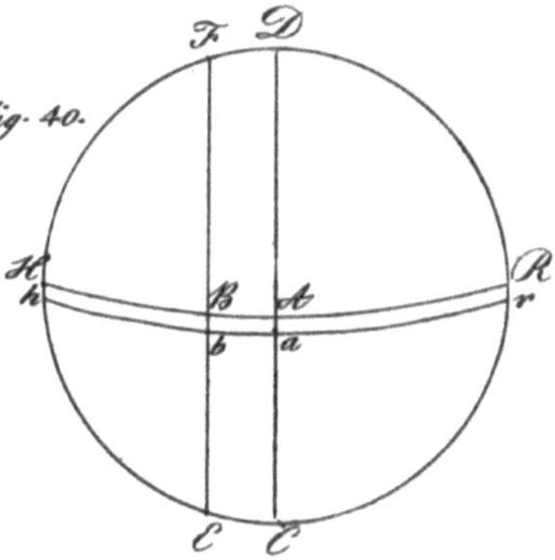

ɪ. 43.

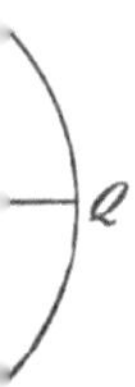

Fig. 45.

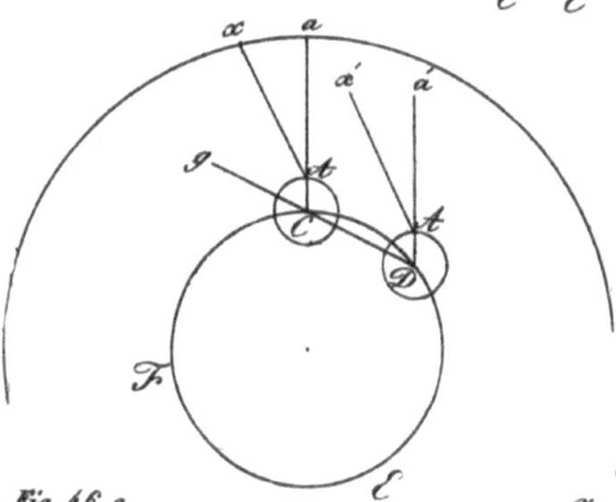

Fig. 46. a

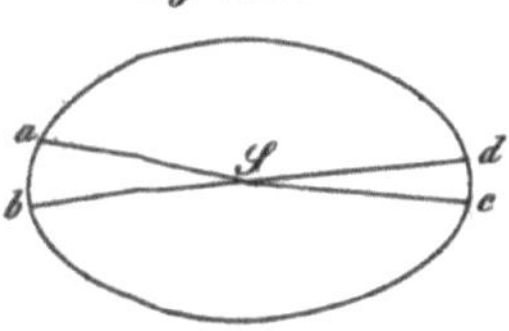

Fig. 46. b

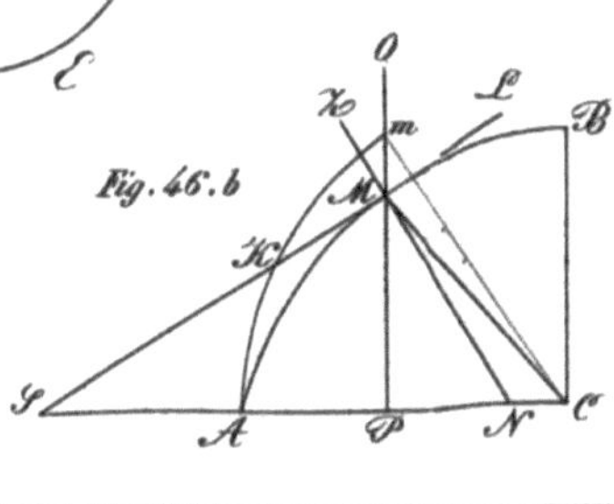

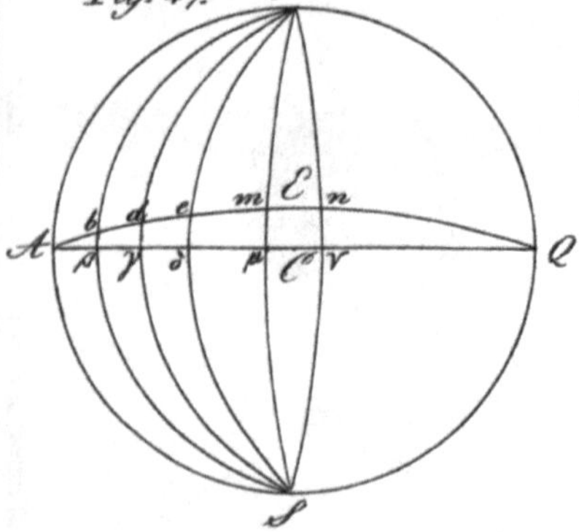

Fig. 47.

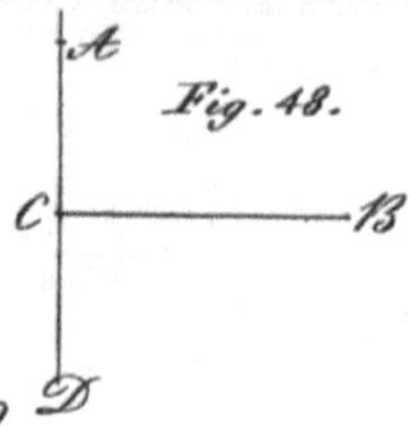

Fig. 48.

Fig. 49.

Fig. 5

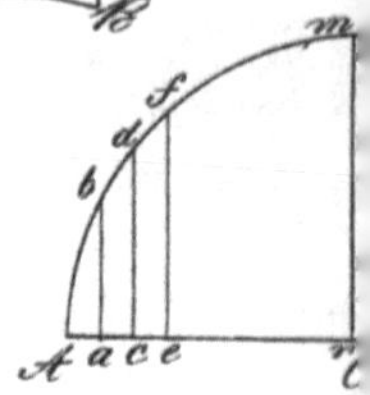

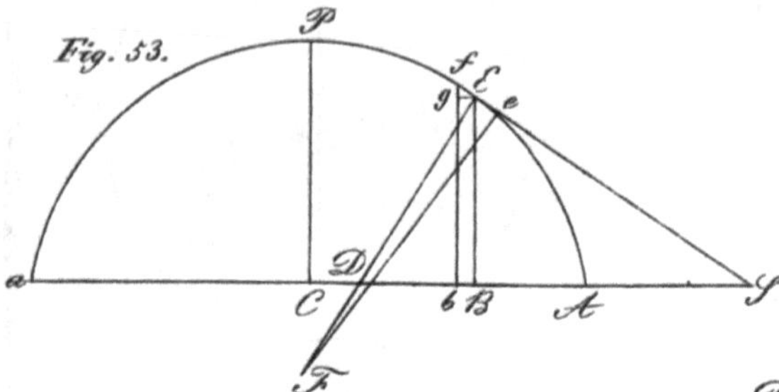

Fig. 53.

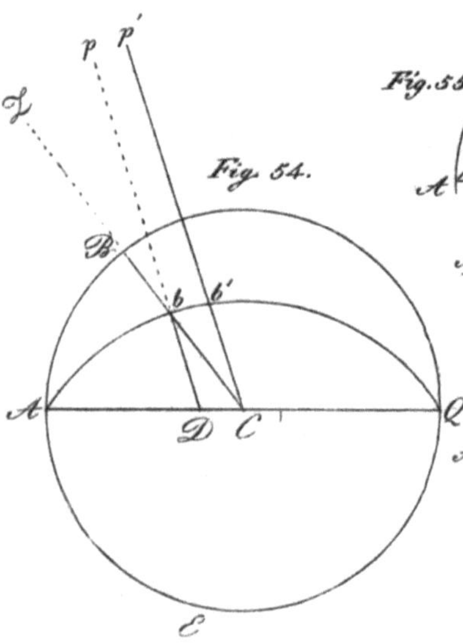

Fig. 54.

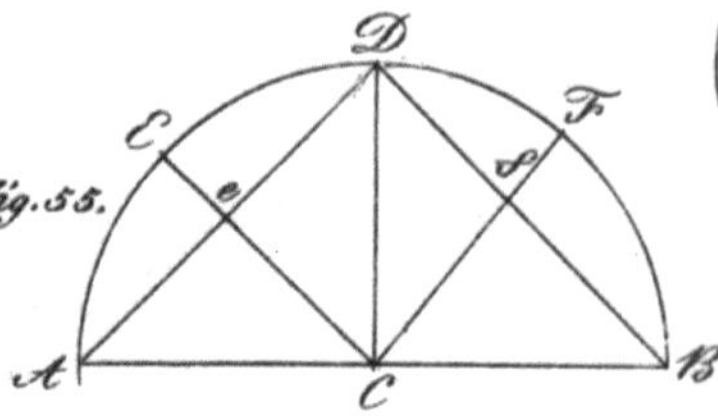

Fig. 55.

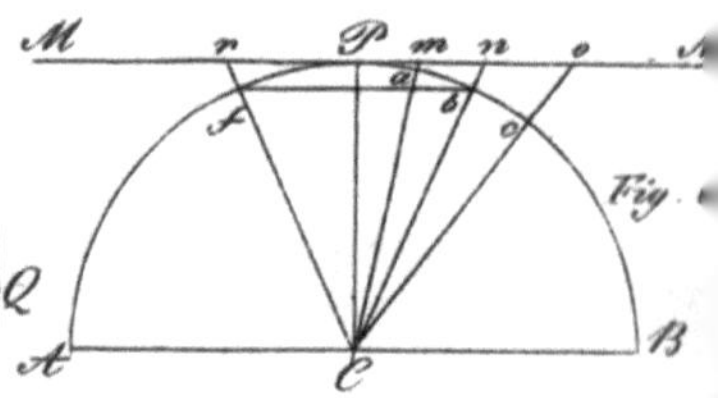

Fig.

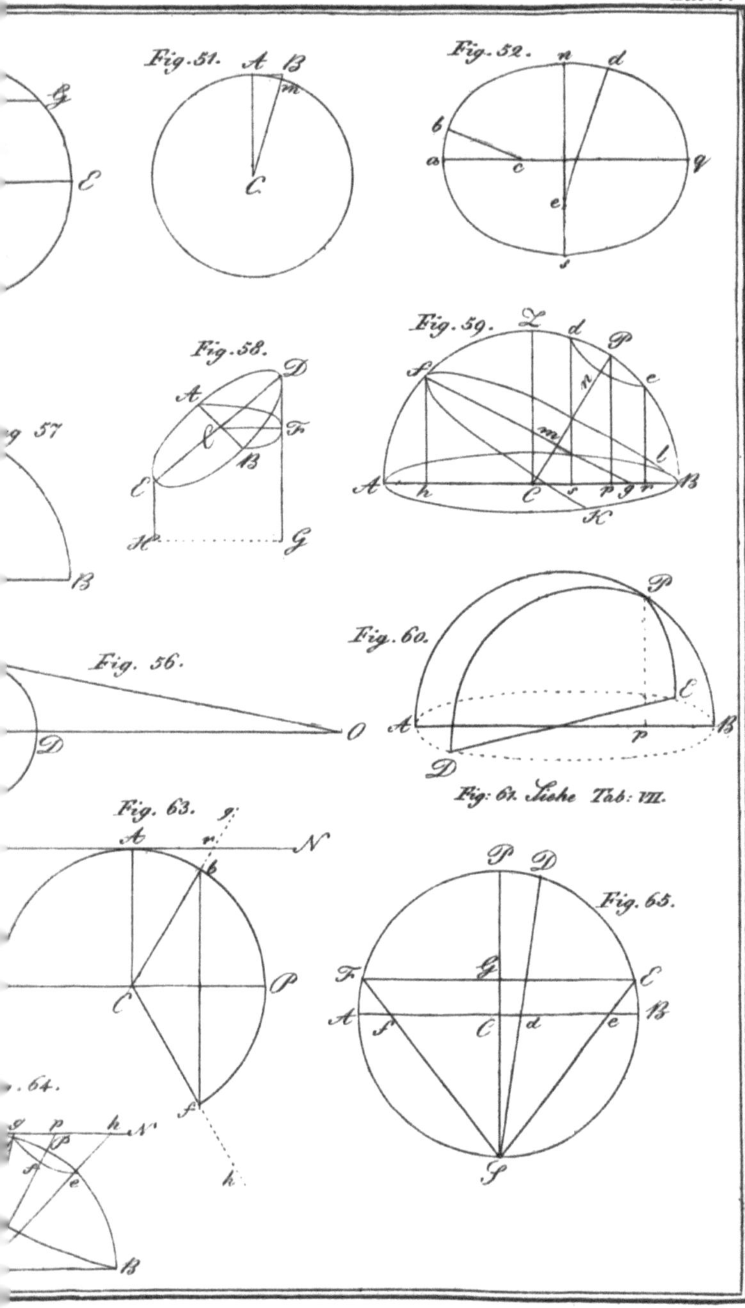
Fig. 51.
Fig. 52.
Fig. 58.
Fig. 59.
Fig. 60.
Fig. 56.
Fig. 63.
Fig: 61. Siehe Tab: VII.
Fig. 65.

Fig. 66.

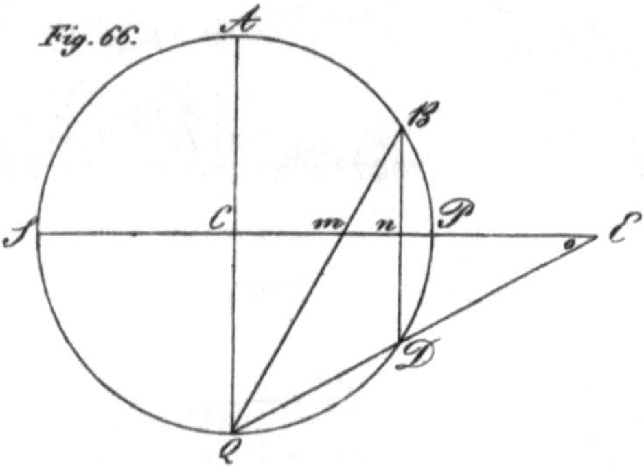

Fig. 68.

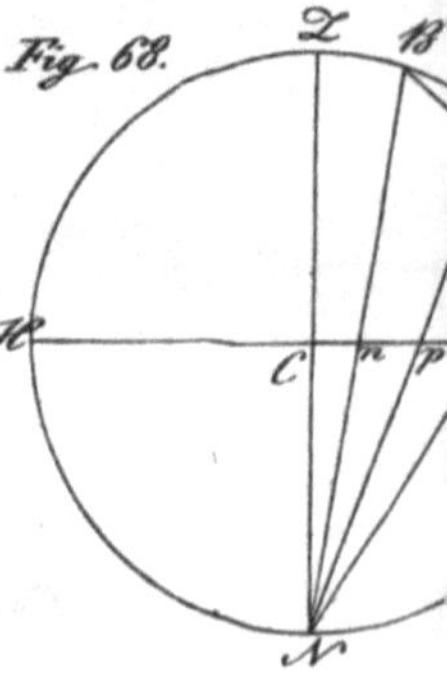

Fig. 67.

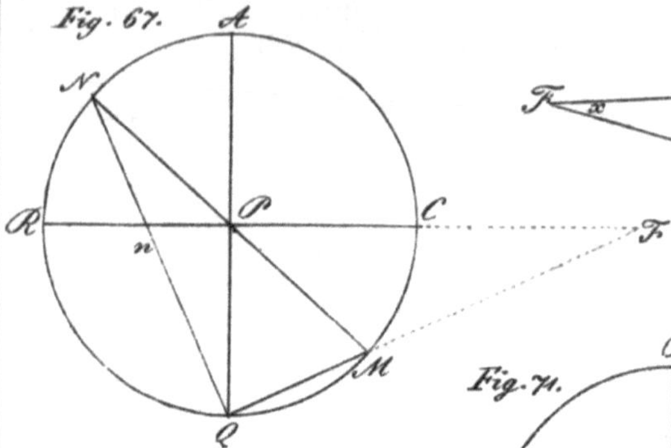

Fig. 70.

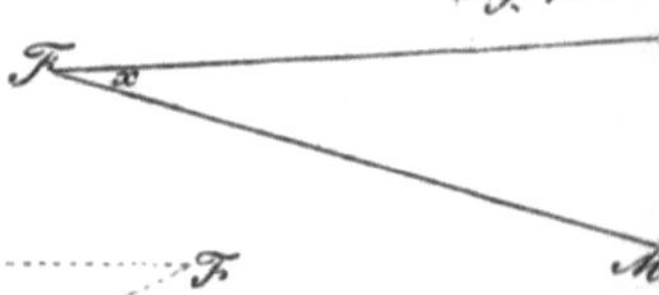

Fig. 71.

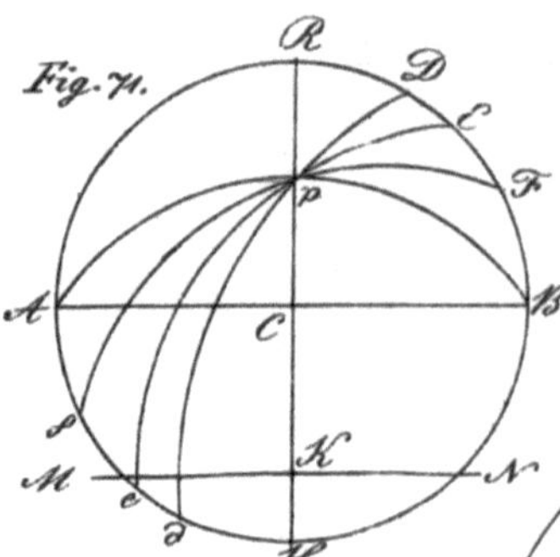

Fig. 74.

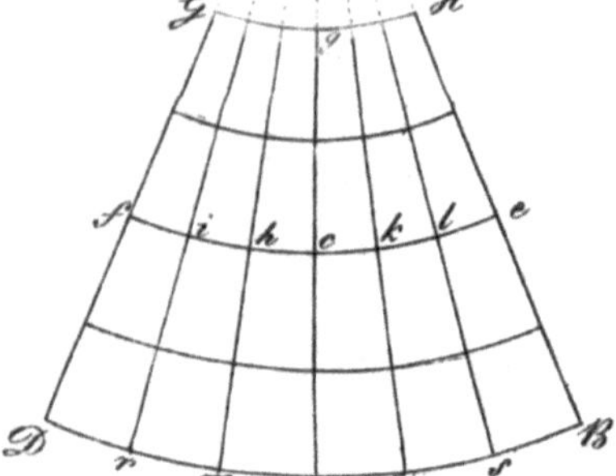

Fig. 69.

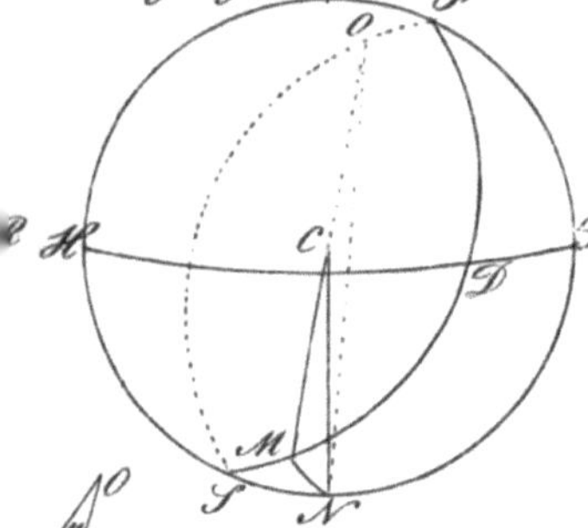

Fig. 76

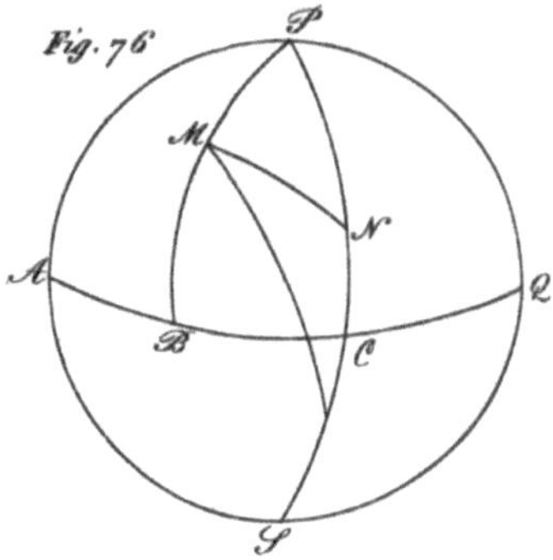

Fig. 77

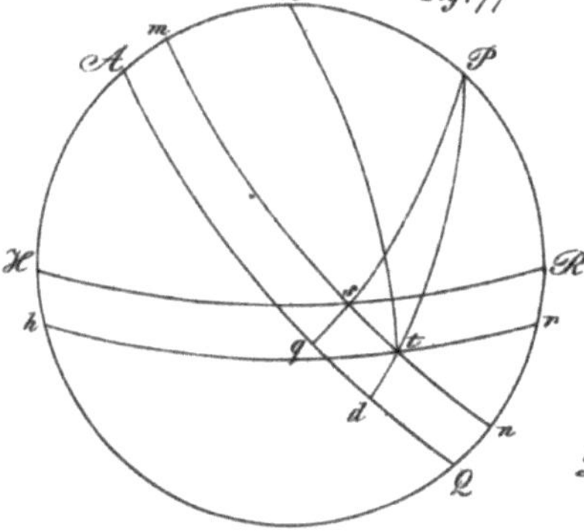

Fig. 75.

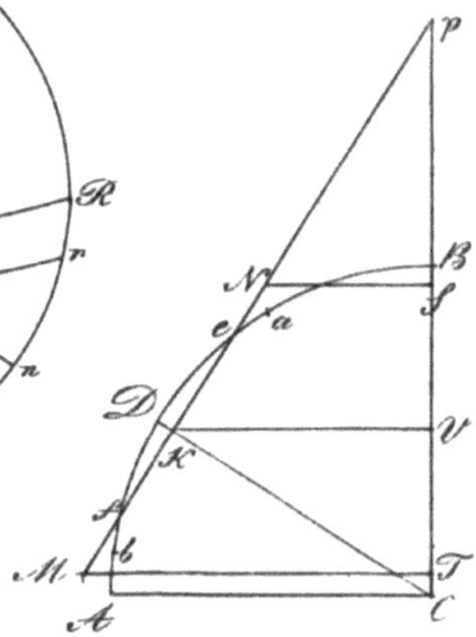

.72.

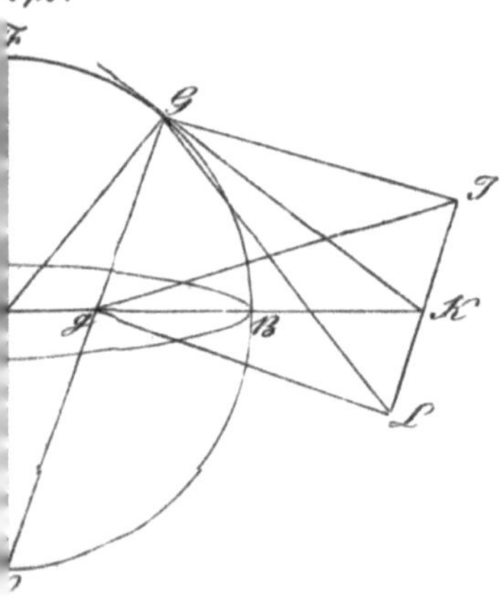

Fig. 73.

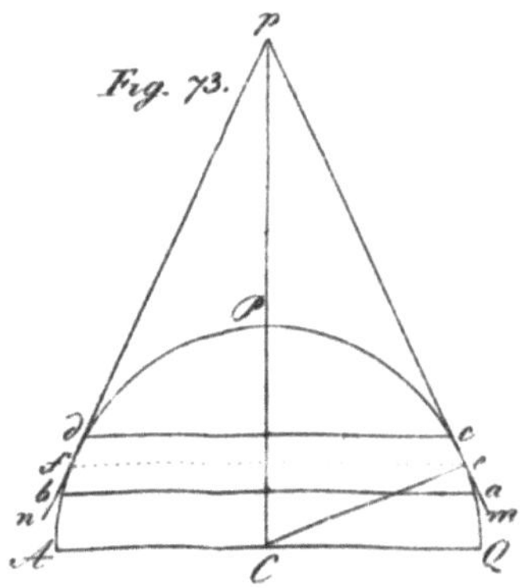

Fig. 66.

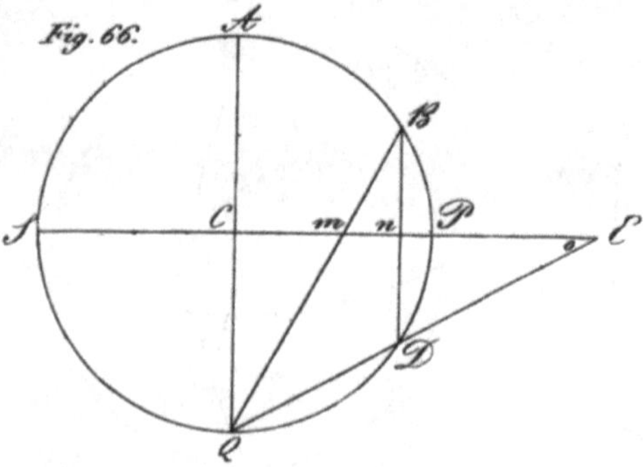

Fig. 68.

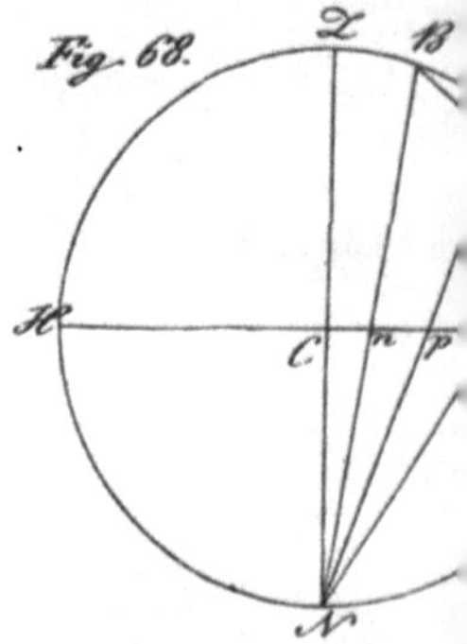

Fig. 67.

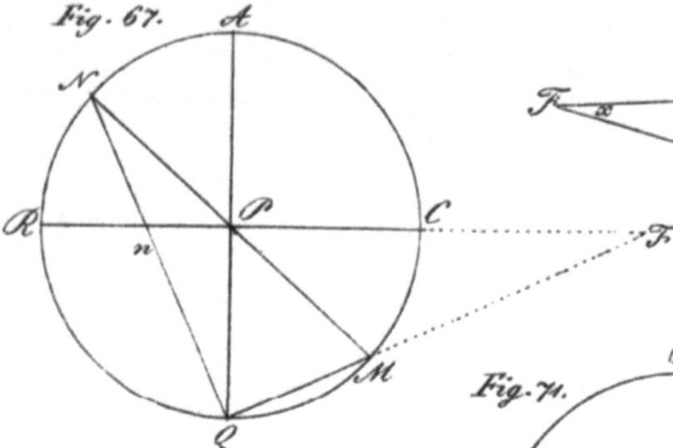

Fig. 70.

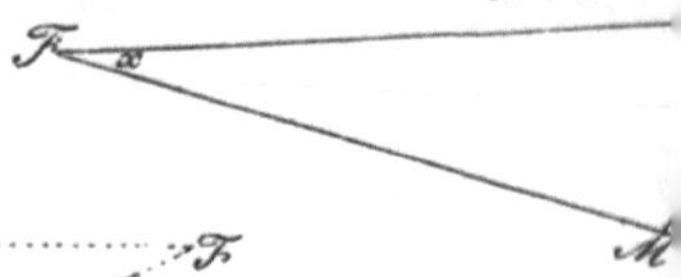

Fig. 71.

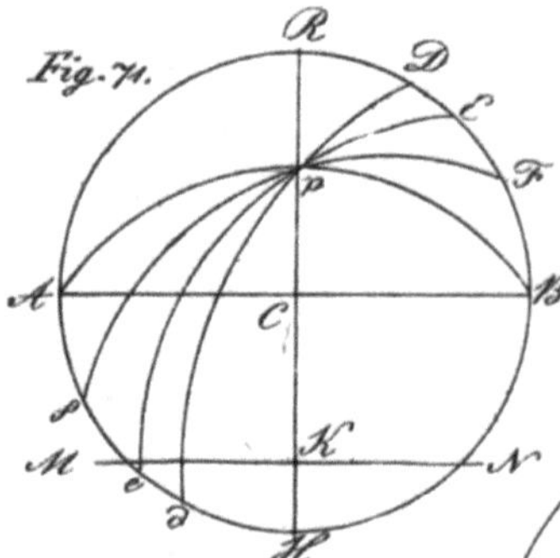

Fig. 74.

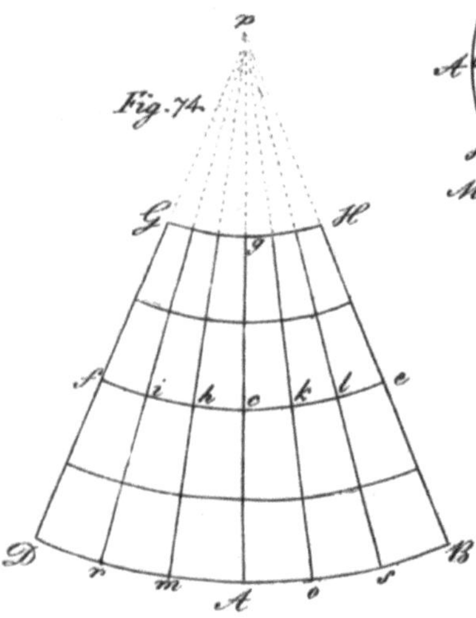

Fig. 69.

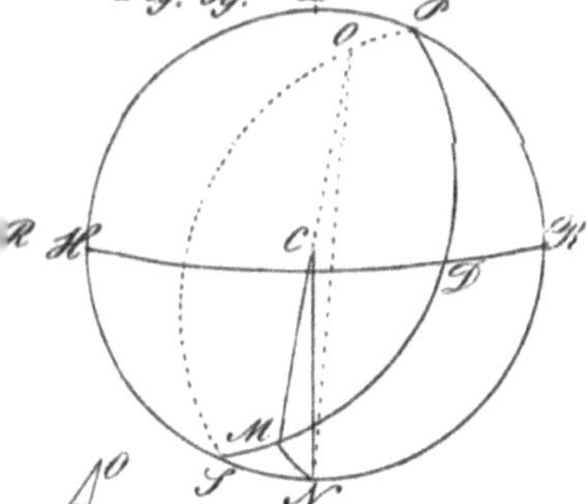

Fig. 76

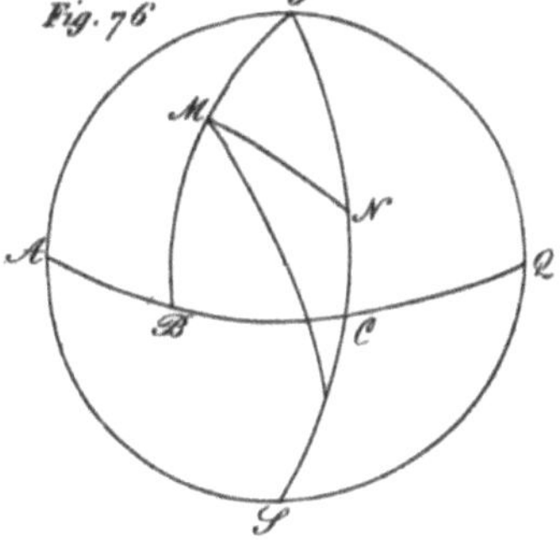

Fig. 77

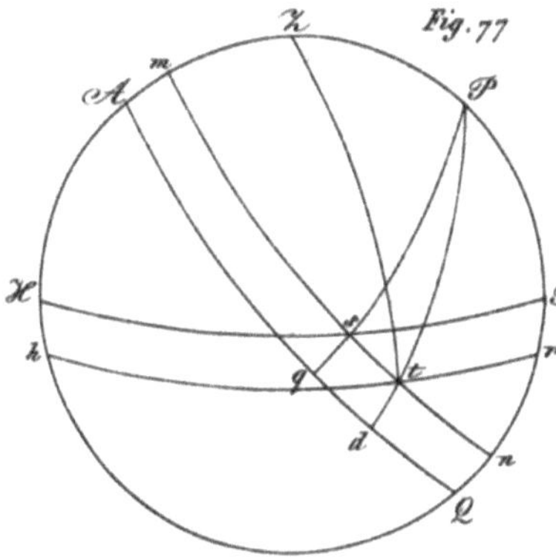

Fig. 75.

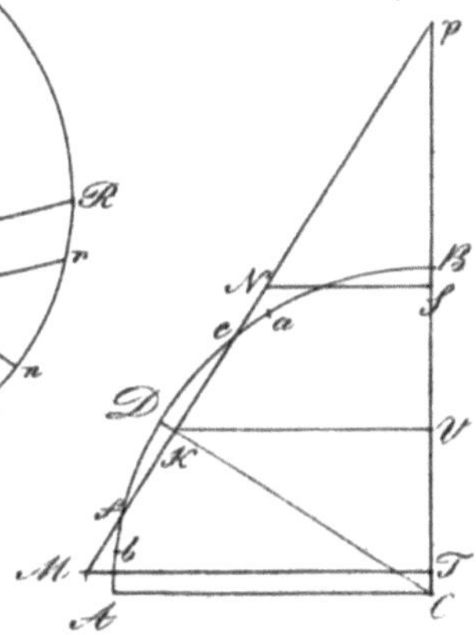

.72.

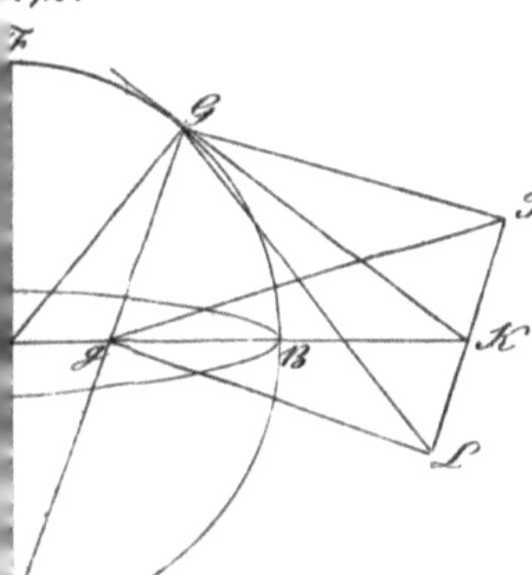

Fig. 73.

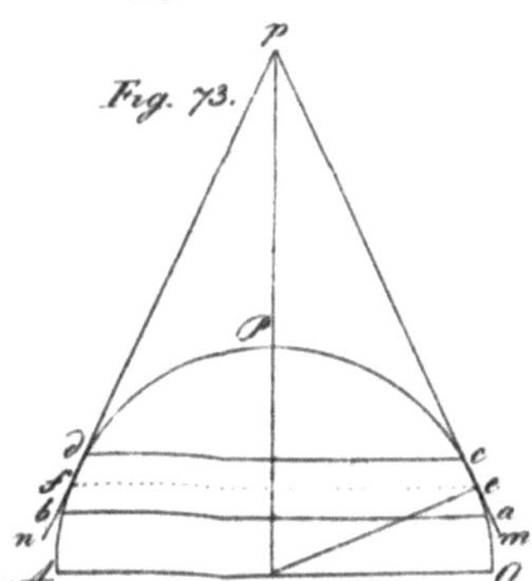

Fig. 61.

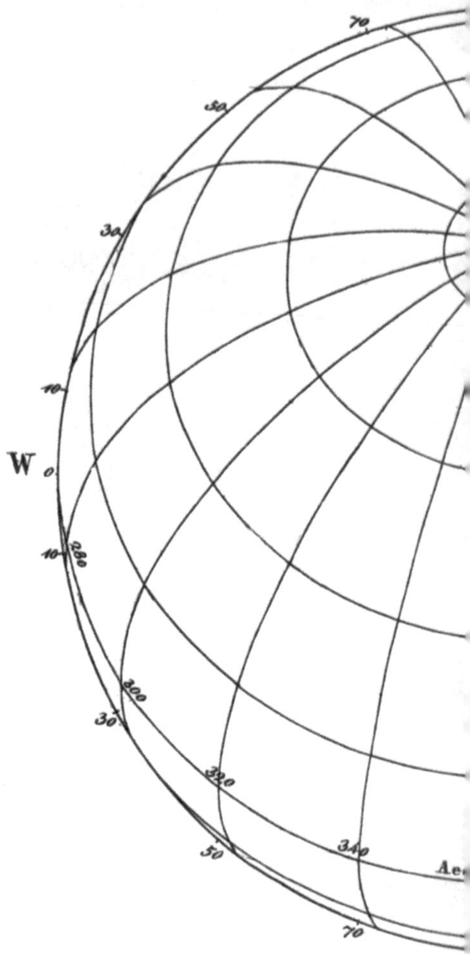

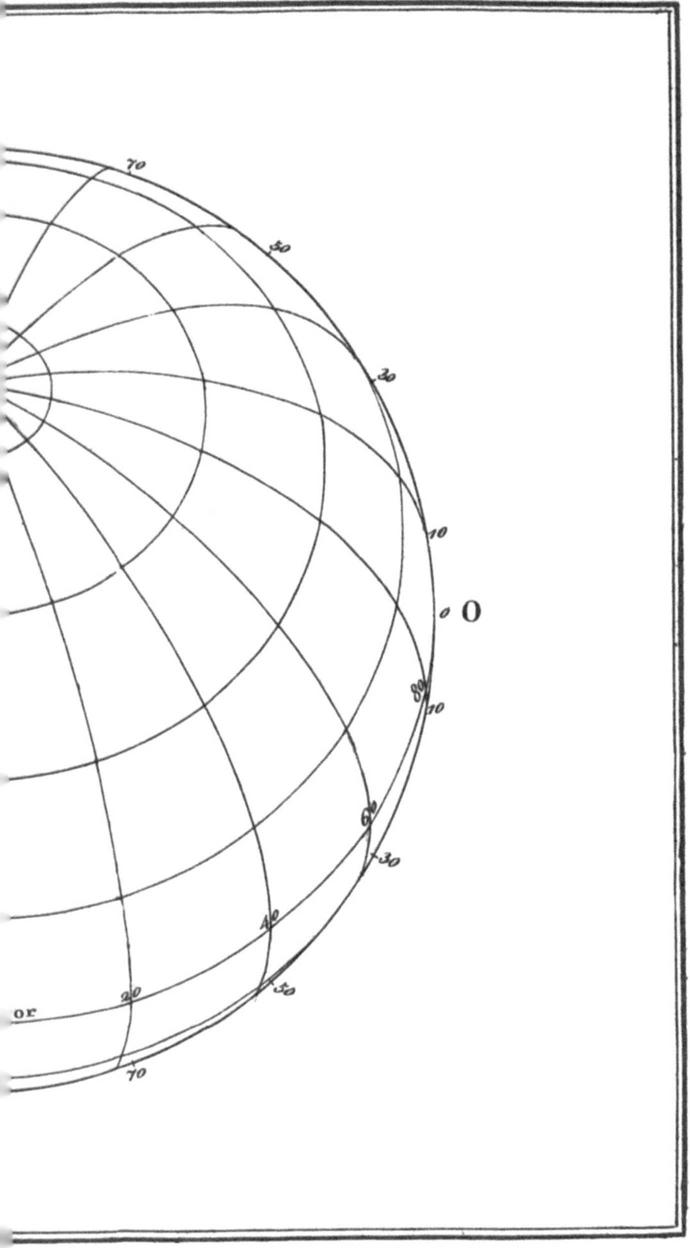
70
50
30
10
0 O
80
10
60
30
40
50
20
or
70

Zeitfracht Medien GmbH
Ferdinand-Jühlke-Straße 7
99095 Erfurt, Deutschland
produktsicherheit@kolibri360.de